在中国各气候区建被动房

[德]沃尔夫冈·费斯特 主编

陈守恭 译

作者：

尤尔根·施尼德斯（Jürgen Schnieders）

坦娅·舒尔茨（Tanja Schulz）

沃尔夫冈·费斯特（Wolfgang Feist）

贝特霍尔德·考夫曼（Berthold Kaufmann）

盛巳宸（Sichen Sheng）

江慧君（Huijun Jiang）

苏珊娜·温克尔（Susanne Winkel）

埃维莉娜·布泰基特（Evelina Buteikyte）

卡米·西弗冷（Camille Sifferlen）

本报告在被动房研究所先前工作的基础上扩展而成，特别是[Feist 2011]，[Feist 2013]，[Feist 2015]（参见参考文献）。作者感谢下列单位的支持：维也纳Schöberl & Pöll有限公司，德国联邦环境基金会，圣戈班依索维尔G+H公司，圣戈班CRIR。

作者感谢陈守恭先生为本书中文版提供了翻译。并特别感谢北京建筑节能研究发展中心BECC，作为被动房研究所在中国的一个合作伙伴，对本书中文版的支持赞助。

中国建筑工业出版社

著作权合同登记图字：01-2018-2174号

图书在版编目（CIP）数据

在中国各气候区建被动房 /（德）沃尔夫冈·费斯特主编；陈守恭译．—北京：中国建筑工业出版社，2018.3

ISBN 978-7-112-21794-6

Ⅰ.①在… Ⅱ.①沃…②陈… Ⅲ.①节能—建筑设计—中国 Ⅳ.①TU201.5

中国版本图书馆CIP数据核字（2018）第020070号

Passive House in Chinese Climates, 2016

Copyright © 2016 Passive House Institute, Rheinstrasse 44/46, 64283 Darmstadt, Germany

Editor: Prof. Dr. Wolfgang Feist, Darmstadt, Germany Printed and published in China © 2017 by China Architecture and Building Press

All rights reserved.

版权©2016被动房研究所，Rheinstrasse 44/46，64283，德国达姆施塔特市

主编：沃尔夫冈博士教授，德国达姆施塔特市。由中国建筑工业出版社在中国印刷并出版
©2017版权所有

责任编辑：程素荣　张鹏伟
责任校对：焦　乐

在中国各气候区建被动房

［德］沃尔夫冈·费斯特　主编

陈守恭　译

*

中国建筑工业出版社出版、发行（北京海淀三里河路9号）

各地新华书店、建筑书店经销

北京点击世代文化传媒有限公司制版

北京富诚彩色印刷有限公司印刷

*

开本：880×1230毫米　1/16　印张：7½　字数：176千字

2018年7月第一版　2018年7月第一次印刷

定价：78.00元

ISBN 978-7-112-21794-6

（31638）

版权所有　翻印必究

如有印装质量问题，可寄本社退换

（邮政编码 100037）

作者序

被动式建筑以最低的能耗提供住户优良的热舒适环境和室内空气品质。因而，自25多年前，坐落于德国Kranichstein的世界第一栋被动房成功建造以来，被动房已在全球各不同气候区不断发展着。如今已有大量的通过认证的被动房项目，从温偏凉气候区*如德国，冷气候区如瑞典，到温偏暖气候区如东京，暖气候区如新西兰，以及热而潮湿的气候区如迪拜。这些项目都很好地证明了被动房在全球都能运行并成功适用于任何地方。

被动房使用的原理对所有气候都是一样的，只是他们的相关参数应根据建筑所在地的气候进行相应的定量。继2009年关于被动房在欧洲西南部的研究报告和2012年关于被动房在不同气候区的研究报告后，本研究报告呈现了在所有中国气候区建造被动房的设计基础，同时考虑中国厨房烹饪文化和使用中国市场上流行并广泛可得的分体式空调机组。用于量化参数和简化项目数据管理的被动房规划设计软件包（PHPP）- 专为计算被动房能量平衡而研发的设计工具，在本研究报告中被证实适用于所有中国气候区。

随着正在进行的欧洲能源转型计划和响应联合国气候变化大会目标、全球对环境保护措施日益增长的需求，被动房作为高效节能建筑被提名为未来的建筑形式。通过被动房中带热回收、可控的机械通风，住户时刻都能拥有舒适的、足够的新风，从而大大减少了住户必须开窗才能获取新鲜空气的束缚，尤其是在冬季当室外空气寒冷的时候。被动式建筑室内的高舒适性和极低的能源需求完美地兼顾了对良好室内环境和可持续发展都不断增长的要求。

在中国，被动房正在快速发展中。从2014年至2017年，已经有很多被动式建筑竣工，现在还有更多的以被动房标准为目标的建筑正在设计或建造中。我们希望通过本研究报告能帮助被动房在中国的进一步发展。

我们诚挚地感谢住房和城乡建设部节能与科技司韩爱兴副司长赐序，以及所有为出版本研究报告中文版而提供支持的单位，尤其是北京建筑节能研究发展中心。并感谢陈守恭先生对本书所做的翻译。

被动房研究所团队

2018年1月

---

* 译者注：本序中各气候区的名称依据被动房研究所定义的世界气候区划分，PHPP软件会根据气象数据而自动确定被动房地点归属的气候区。被动房研究所定义的气候区和中国建筑气候区划分名称不同。两者间大致的对应关系参见第4章，仅供参考。

中文版序

建筑节能对于节约能源资源、减少空气污染、保护环境、减少二氧化碳排放，实现人类可持续发展的重要意义和作用越来越广泛地被人们所认识。中国建筑节能工作自20世纪80年代中期启动以来，先后经历了实施节能30%、节能50%、节能65%标准三个历史阶段。直到2009年，我们通过与德国有关机构合作，引进了德国被动房技术，并在中国寒冷及严寒地区的河北省秦皇岛市、黑龙江省哈尔滨市、新疆维吾尔自治区乌鲁木齐市等地建设了一批试点示范工程。通过学习德国技术和理念，采取高效的围护结构保温技术、严密的气密性措施、和安装带有热回收装置的新风系统，实现了北方严寒寒冷地区在不安装传统的供热管网和采暖设备、并在冬季室外温度 -10℃、夏季室外温度38～40℃的情况下，室内温度分别能够达到20℃和26℃左右，综合节能达到90%以上，大幅度降低了采暖和空调的能耗。夏热冬冷地区的工程实践，也充分展现出了被动房显著的节能效果和优良舒适的室内环境。

中国政府有关部门和机构十分关注和重视被动房技术。先后组织建设了一大批被动式超低能耗绿色建筑示范工程；组织编制了《被动式超低能耗绿色建筑技术导则》；河北省、山东省出台了《被动式超低能耗建筑设计标准》；山东省、河北省、北京市出台了建设被动式超低能耗绿色建筑工程的财政补助和土地优惠政策；山东省青岛市，江苏省南京市、南通市积极筹划建设被动式建筑产业园；发展被动式超低能耗绿色建筑也写入了《中共中央国务院关于进一步加强城市规划建设和管理的若干意见》、《国务院办公厅关于大力发展装配式建筑的指导意见》，上升为国家政策，也已列入住房城乡建筑设部“十三五”建筑节能规划纲要。

中国被动式超低能耗绿色建筑进入了一个新的快速发展时期。如果说在前期试点试验阶段，为了全面、准确理解和学习被动房技术原理、技术指标和具体做法，虽然也有一些地方结合中国建筑产业水平有一些改进，但从总体上看基本采取的是原汁原味的引进，全面照搬的思路和做法。随着被动房技术在中国大范围推广，由于中国地域广阔，各地气候差异很大，经济发展水平、室内环境标准、建筑特点、人们生活习惯以及建筑技术与产业水平，和德国等发达国家有很大不同，特别是在经济水平低下时期形成的以开窗户无组织通风获取新风并引以为荣的习惯短期也很难改变的情况下，如何利用被动房技术原理，研究符合中国实际的被动式超低能耗绿色建筑显得更加迫切。

世界被动房之父——费斯特教授对中国各个气候区如何建设被动房进行了深入的研究，通过理论和模拟计算，取得了显著成果。我十分钦佩费斯特教授的治学精神和科技情怀，他25年磨一剑，开创了人类建筑节能科技的新领地，为了节能和保护地球著书立说，培养人才，在全世界推广被动房。这次又专门针对中国的各个气候区，特别是在人口占全国58.5%、国土面积占全国的25.76%、经济社会极其重要的我国夏热冬冷地区、夏热冬暖地区和温和地区三个重要气候区的上海、成都、广州、琼海和昆明，同时又进一步完善了中国严寒和寒冷地区的哈尔滨、乌鲁木齐和北京、拉萨等城市的研究，提出了9个典型城市的技术指标和设计参数，完成了本应由中国建筑科学家完成的成果，并将研究成果编写成《在中国各气候区建被动房》一书，为了满足广大中国建筑工程技术人员的需要，组织有关专家将研究成果翻译成中文。这是费斯特教授著述的《德国被动房设计与施工指南》在中国出版大受欢迎后的又一专门针对中国各气候区典型城市的被动房设计与施工指南，应该说对中国建筑节能科技工作者特别是被动房建设者们无疑是一大喜讯。

发展被动式超低能耗建筑是人类可持续发展的重要途径。我相信,《在中国各气候区建被动房》一书的出版必定对目前国内普遍开展的被动式超低能耗绿色建筑建设起到极大促进作用。随着中国经济和科技水平的不断提高，人们会逐渐认识到被动式超低能耗、零能耗建筑在经济社会和人们生活中好处，也逐渐会认识提高建筑气密性和改变传统落后的通风习惯的必要性，逐渐明白由于建筑室内环境和人的密切相关性，建筑如同汽车、飞机、舰船一样在使用和运行中是不宜随便开窗的，体会到根据室内人数的卫生要求通过机电设备调节控制室内空气质量比依靠人的体感是否开窗更精确更科学。被动式超低能耗建筑在中国广泛推广，还有诸多的“掉在地上的苹果”、“针眼儿大的窟窿斗大的风”的科研问题，需要广大建筑节能与科技工作者发挥本土和专业优势深入研究，并在实践中不断总结和完善。希望国内外专家共同努力，早日形成与中国气候和经济发展水平相适应的先进成熟完善的被动式建筑技术体系。

韩爱兴
住房和城乡建设部建筑节能与科技司
2017 年 3 月 6 日

目 录

缩略语

ACH　Air Changes per Hour　每小时换气次数

DH　Dehumidification　除湿

DHW　Domestic Hot Water　生活热水

ERV　Energy Recovery Ventilator　能量回收通风系统（全热交换新风系统）。一种机械通风系统，热量和湿度都经过回风和新风之间传递

HP　Heat Pump　热泵

HRV　Heat Recovery Ventilator　热回收（显热交换）通风系统（热交换新风系统）。一种机械通风系统，热量（但不含湿度）经过回风和新风之间传递

MVHR　Mechanical Ventilation with Heat Recovery　带热回收的机械通风

n_{50}　内部和外部压力差为 50 Pa 时，由风门加压试验测得的每小时换气次数

PHPP　被动房规划设计软件包。基于 Excel 的被动房设计工具，包括采暖、制冷、除湿、生活热水、电力和机械设备的计算工具

SDHW　Solar Domestic Hot Water　太阳能生活热水，即（部分）热水由太阳能集热器提供

SHR　Sensible Heat Ratio　显热比，即显热制冷容量占总制冷容量（显热加潜热）的比例。SHR 可以指建筑物的需求，或者指设备的容量。

ε　空气体总焓变 Δh 和除湿量 Δx 的比率。ε 的单位为 kJ/kg。类似于 SHR，ε 是显热和潜热制冷比率的一个量度。

1 概要

被动房以极低的能耗和实惠的成本提供最佳可能的舒适室内环境。这是解决建筑领域中气候保护任务的关键。因此特别适用于拥有庞大人口基数和经济快速发展的中国。

目前在中国只有个别的被动房实例。本研究报告为中国所有气候区提供了系统性的被动房设计基础。结果显示，被动房可以建造于中国的任何地方。

基于一个十层的住宅楼，分别从覆盖中国的所有气候区的九个地点进行被动房原理的进一步细化。与按现行标准建造的常规新建建筑相比，参考被动房得到的结果是节省了 80% ~ 90% 的采暖能源需求和约 50% 的制冷和除湿能源需求。

合适的窗户品质、保温水平、暖通设备和建筑组件结构类型取决于气候和建筑布局。不过在所有的情况中，利用的都是相同的原理，所得的结果都是按国际标准认同定义的被动房。

在寒冷和严寒气候区，最重要的性能就是建筑必须拥有极好的保温。传热系数 U- 值约为 0.1 W/（m^2K），非常好的气密性，三玻（甚至四玻或者真空）低辐射玻璃，以及高效热回收通风系统是必要的。紧凑的热工围护结构和南向窗户是有利的。为了提高冬季室内空气相对湿度，可以使用能量回收通风系统（ERV，全热交换系统，即同时回收热量和湿度的系统）。在这些气候区中，要让建筑结构耐久、干燥，最重要的一点是在墙或者屋顶结构的内侧敷设阻汽层[①]（这可以同时就是气密层），而在外侧则要考虑透气性。外表面同时应该保护结构使其免受雨水的侵入，例如使用不吸收雨水的涂料。保温层应该敷设在外侧以保持结构温暖和干燥。

采暖可以通过多种不同方式实现。传统的系统例如散热器或者地板采暖依然适用，但是他们所需的设计负荷相比之下就要小得多。被动房的采暖，可以很简单地通过对送风加热就能实现。“送风”是通风系统为了提供良好室内空气品质而输送的新鲜空气；加热时有可能需要加入少量的室内循环风进行补充。

即使是在中国相对寒冷的气候区，夏季也有持续数周之久的炎热天气。高温可能会伴随着高湿度，尤其是在东部区域。在某些气候区，例如北京，为了高舒适度的夏季室内环境，即使是在被动房中也需要主动制冷和除湿。

在经济上举足轻重的夏热冬冷区，采暖和主动制冷都需要。在冬季和夏季需要良好的保温，但是相较于寒冷的气候区其保温程度相对低一些。夏季在制冷需求峰值条件下，室外的高湿度使得利用夜间通风不可行。除湿所需能源可以通过使用合理可控的能量回收通风系统（全热交换新风系统）而显著减少。冬季可以利用被动太阳能，但在夏季需要有效的活动遮阳避免过热。

通过送风（有可能需要补充 100% ~ 200% 的室内

① 依据 DIN4108-3，材料按水蒸气在其中扩散的难易分为 3 个等级：$s_d \leq 0.5m$ 为透汽材料，$0.5m < s_d \leq 1500m$ 为阻汽材料，$s_d > 1500m$ 为隔汽材料。s_d 为该材料的水蒸气扩散等效空气层厚度。——译者注

循环风）来实现温湿调节，在夏热冬冷气候区尤其具有优势。因为仅需要一个系统就能同时实现采暖、制冷和除湿。另外，对于低温的送风，必须要考虑到一些关于风管和风口的技术细节。

此外还有一种价格低廉并且方便易得的替代方案，即在每套住宅的中央房间安装单个传统的小型分体式空调机组。这种方案要求房间门在一天当中敞开一段时间。这种方式的热舒适性比送风制冷就只是稍微差一点。在潮湿的夏季，需要特别注意充分除湿；为了获得最佳的舒适度和节能，湿度应该和温度分开控制。

在夏热冬冷气候区，建筑外部结构组件实现彻底湿平衡尤具挑战性，因为湿传递方向在整年中会发生改变。建筑外墙和屋面的结构就需要特别慎重地考虑。用 EPS 作为外保温时，通常不会有问题。但对于用矿物棉作为保温材料的结构，外部抹灰的性能十分重要，例如很低的水蒸气扩散阻力和很低的吸水性。

在受热带气候影响的夏热冬暖气候区，对阳光的控制是最重要的因素。窗户应该用高选择性遮阳型玻璃，并以固定遮阳装置避免太阳直射，不过活动遮阳也是可以使用的。外墙和屋面可以通过保温层降低太阳负荷；或者使用高红外反射率隔热涂料也是有效的方法，尤其对于屋面。

除湿需求甚至可以比显热制冷需求还高。气密的围护结构保护着建筑内部免受室外高湿度的影响。能量回收通风系统（全热交换新风系统）可提供更进一步的保障。

在夏热冬暖气候区中，耐久干燥的墙和屋顶结构需要吸水率特别低但能透气的外表面。大部分的结构类型在这个前提下都能运行得很好；外保温如果采用透水蒸气的材料，例如矿物棉，则需要特别注意湿度。

在中国南方高海拔的温和气候区，阳光充足，气候温和，有许多不同的被动房设计方案可以选择。在这个气候区，甚至可以建造既不需机械通风也不需三玻玻璃的被动房。

通过研究结果也证实了，被动房规划设计软件包（PHPP）是适用于所有中国气候区的设计软件。如果从设计一开始就将 PHPP 计算融入成为设计过程的一部分，那么可以实现集舒适、节能和经济为一体的被动房。

对应于被动房提供的高效节能，相应的理想组件产品如今还没有广泛的供应。本研究报告包含了关于如何通过合适的新型组件来改善能效和建造成本的建议。

2 Executive Summary

Passive Houses provide the best possible indoor climate with a very low energy consumption at affordable cost. They are the key to solving the task of climate protection in the field of buildings. This makes them particularly suited to China with its huge population and its strong economic growth.

Currently there are only individual examples for Passive Houses in China. The present study systematically provides the basis for Passive House design in all Chinese climate zones. It shows that Passive Houses can be built everywhere in China.

Starting from the geometry of a ten-storey residential high-rise, Passive House principles are developed for nine locations, covering all Chinese climate zones. Compared to conventional new buildings built according to the current code requirements, the resulting reference Passive Houses save 80 to 90% of heating energy and approximately 50% of energy for cooling and dehumidification.

Appropriate window qualities, insulation levels, mechanical services, and building element construction types depend on the climate and the building layout. In all cases, however, the same principles are applied, and in all cases the result is a Passive House according to the internationally valid definition.

The most important feature in the Cold and Very Cold climate zones is excellent thermal protection. U-values around 0.1 W/ (m^2K) , very good airtightness, triple (or even quadruple or vacuum) low-e glazing, and a highly efficient ventilation heat recovery are essential. A compact thermal envelope and south oriented windows are advantageous. To increase the indoor relative humidity in winter, energy recovery ventilators (ERV, i.e. systems that recover heat and humidity) can be used.

For durable, dry construction types in these climates the most important point is to install a vapour retarder – which may be identical with the airtight layer – on the interior side of the wall or roof construction, whereas the exterior side allows for vapour diffusion. The exterior surface should simultaneously protect the construction from driving rain, e.g. by a paint that does not absorb rainwater. The insulation should be placed on the exterior in order to keep the construction warm and dry.

Heating can be provided in many different ways. Conventional systems such as radiators or floor heating are still suitable, but they require much smaller design loads. It is also possible to heat Passive Houses simply by heating the supply air that the ventilation system provides for good indoor air quality, possibly supplemented by a small amount of recirculated air.

Even in the colder climates of China the weather may become uncomfortably warm during some weeks in summer. High temperatures may be accompanied, particularly in the eastern parts of the country, by high humidity. In climates like Beijing active cooling and dehumidification are required for high summer comfort, even in a Passive House.

In the economically important Hot Summer Cold Winter region both heating and active cooling will be needed. Good thermal protection is necessary for winter and summer, but to a lesser extent than in the cold climates. The high outdoor humidity in summer rules out concepts with night ventilation under peak cooling conditions. The energy required for dehumidification can be reduced considerably by means of a properly controlled ERV. Passive solar energy can be used in winter but requires effective, movable blinds in summer.

Space conditioning via the supply air, possibly supplemented by 100 to 200 % recirculated air, is particularly attractive in these regions because it can provide heating, cooling, and dehumidification with one system. Some technical details concerning ducts and vents for the cold supply air must be considered here. An alternative, very cheap and easily available solution is a single conventional minisplit per dwelling unit that is placed in a central room. This strategy requires interior doors to be kept open during a part of the day. Then, the resulting thermal comfort is only slightly worse than with supply air cooling. Sufficient dehumidification in the humid summers deserves special attention; for optimum comfort and energy efficiency the humidity should be controlled separately from the temperature.

Providing a sound moisture balance of the exterior building elements is particularly challenging in these climates because the direction of moisture transfer changes during the course of the year. The construction of the walls and roof needs careful consideration. Exterior insulation with EPS is usually not critical. For constructions with an insulation made from mineral wool the properties of the exterior plaster, e.g. a low resistance to vapour diffusion and a low water absorption, are important.

For the tropically influenced climates of the Hot Summer Warm Winter region solar control is the most important factor. Windows should be protected from direct solar radiation by fixed shading devices and have highly selective solar protective glazings – but movable solar protection is also possible. Walls and roofs can be protected from solar loads by insulation; cool colours are an interesting alternative particularly in the roof.

The dehumidification demand can be even higher than the sensible cooling demand. An airtight envelope protects the building's interior from high outdoor humidity. It is supported by an ERV in the ventilation system.

Long-lasting, dry wall and roof constructions in this type of climate require particularly low water absorption coefficients of the exterior surfaces without compromising their vapour diffusion. Most construction types work well under this precondition; exterior insulation with vapour-permeable materials like mineral wool requires special attention to humidity.

Cooling devices in the warm climates use the same principles as in the Hot Summer Cold Winter region.

The Temperate mountain climates in the south of China, with their sunny and mild conditions, allow for many different Passive House solutions. Here, it is even possible to build Passive Houses with neither mechanical ventilation nor triple glazing.

The report confirms that the Passive House Planning Package (PHPP) is an appropriate design tool in all Chinese climates. If a PHPP calculation is an integral part of the design process from the start, it is possible to realize Passive Houses that are comfortable, energy-efficient, and economical.

For the high level of efficiency that Passive Houses provide, components are preferable that are not available in a large range of products today. The present report contains suggestions on how efficiency and building cost can be improved by suitable new components.

3 简介

3.1 被动房原理

1990年代初起源于德国的被动房概念，已成功地传播到欧洲和欧洲以外地区。它的目标是以合理的成本，超低的能耗，提供最佳的室内环境。为达到这一目标，被动房概念使用各种策略，实现建筑物周围与内部能量流动的最小化。专注于采用被动的方法，如保温层、高品质的窗户、气密性、太阳能控制，以及对热桥的规避。名之为“被动房”，就是强调以这些方面的最佳整合为目标，再根据当地气候另加使用低能耗的技术设备。大多数情况下，需要使用有热回收和/或湿回收的通风系统。此外，大部分地区还需要采暖、制冷和/或除湿系统。其所需的设备容量通常非常低，因而可以让创新的、实惠的新概念得到应用。例如，为维持良好室内空气品质必须引入新风，而只需对这必要的送风量加热或制冷就可以维持合宜的室内温度。

图1所示为第一座被动房，作为研究项目建于德国达姆施塔特市的克朗尼希史太因（Darmstadt – Kranichstein）。下列能耗数据是在用户高度满意的舒适水平下测得的（[1994 Feist]）：

- 空间采暖需求：11.9kWh/（m^2a）；
- 热水：6.1kWh/（m^2a）；
- 烹饪燃气：2.6kWh/（m^2a）；
- 总用电能耗，包括所有家庭应用：11.2kWh/（m^2a）。

图1 第一座被动房，1991年建于德国达姆施塔特市的克朗尼希史太因。摄于2005年2月

应注意的是，在本报告中，所有数值按实际居住面积计算，即在保温围护以内的所有房间的净建筑面积，而内、外墙或楼梯间覆盖的面积不含在内。若是以能耗除以总建筑面积，这些数字还要更低。

平均而言，被动房的实测能耗水平与PHPP（被动房规划软件包）的预测值很接近。

如今，被动房标准适用于全球所有气候区。若要取得被动房研究所的认证，在室内温度20℃的条件下采暖能耗不能超过15kWh/（m^2a）；或者，当采暖负荷不超过10W/m^2时同样可以得到认证。在需要主动制冷的气候区，对于制冷和除湿的能耗也有相应要求，这些要求取决于气候条件。此外，还对包括辅助及家庭用电在内的一次能源消耗总量也有要求，其值不能超过120kWh/（m^2a）；或者，如果设计中有未来全部由可再生能源供给能量的方案，则可再生一次能源（Primary Energy Renewable）能耗不超过60kWh/（m^2a），也可以满足要求。对于建筑的气密性，在50 Pa压差下每小时的换气次数不能超过0.6。有关认证的详情请见www.passivehouse.com。

3.2 在中国建被动房

中国的新建建筑数量高于世界上其他任何国家。在未来十年里，中国城市预计将为近2亿人口提供居住空间。这巨大的新建建筑数量，如果能做到不给全球气候带来额外负担，则可以为提高能源效率、经济利用资源，以及不可回避的全球环境保护目标作出贡献。

被动房是节能建筑的全球最高标准。2020年起，欧盟要求欧洲所有新建筑必须是"近零能耗建筑（NZEBs）"，也就是被动房的水平。提出这个要求最重要的原因就是，被动房不需大费周折就可以完全只用可再生能源运行。

与中国实际标准建筑相比，被动房可以节省采暖能耗80%~90%，节省制冷和除湿的能耗约50%。还提供了许多其他好处：

- 极低的能耗成本；
- 极低的运行成本；
- 极低的维护成本；
- 连续供给的新风，良好的室内空气品质（经通风系统中的过滤器净化）；
- 非常低的室内二氧化碳浓度；
- 过滤隔离污染、灰尘、花粉等；
- 无论冬夏，经调控的舒适温度和湿度；
- 良好的隔音减噪；
- 干燥的室内表面，防止霉菌生长。

3.3 本报告的目的

本报告中，在中国不同的气候区中挑选了九个典型地点：从严寒气候区、占有重要经济地位的夏热冬冷气候区、南部沿海的湿热气候区，以及非常特殊的温和高海拔气候区。

以一个典型的高层住宅楼（参见图5~图6）为计算模型，说明那些可以简单而实惠地设计被动房的设计参数。通过热工动态模拟，发展出典型的被动房配置。与此同时，利用PHPP软件进行能量平衡计算。再依此导出适用于中国各气候区的高层被动房建筑部件及组件的典型配置。

本报告借此展示：

- 被动房确实可以在中国所有气候条件下实现；
- 应如何实现这个目标，让所有人享受到被动房的好处；
- PHPP软件适用于各种气候条件下的被动房设计。

所用的范例，可作为在某一气候区设计被动房的一个出发点。应当注意的是，没有固定的被动房参数组合。相反的，每个建筑物都是不同的，需要逐个进行规划设计，以及逐个对其性能进行优化——这也正是PHPP软件的用处。

不过设定了典型参数，制造商们就有了清晰的目标，用以开发适用于各地区的被动房的新产品，提供改良的组件。中国已经迈出了往这个方向的第一步。

4 选择的地点

依据中国《民用建筑设计通则》GB 50352-2005，中国的主要气候区有严寒地区、寒冷地区、夏热冬冷地区、温和地区、夏热冬暖地区，详见《民用建筑设计通则》附录 A。大多数陆地面积是寒冷或严寒地区，那里的最低月平均温度低于 0℃。中国重要的地区夏季炎热（而且潮湿），但冬季仍需供暖。在南方部分地区则为受热带影响的气候。

值得注意的是，中国气候区划分，与被动房研究所自主研发的全球气候特征归类十分一致，然而名称不同。两者的对应关系如图 2 所示。

中国建筑气候区划分	被动房研究所气候区划分
（无）	arctic 极冷
严寒	cold 冷
寒冷	cool, temperate 温偏凉
夏热冬冷	warm, temperate 温偏暖
温和	warm 暖
夏热冬暖	hot 热
（无）	very hot 极热

图2 中国建筑气候区划分与被动房研究所气候区划分的大致对应关系

中国建筑气候区名称	选择地点（代表城市）	建筑气候区代码
严寒	07 哈尔滨	I_C
	08 乌鲁木齐	VII_B
寒冷	01 北京	II_A
	09 拉萨	VI_C
夏热冬冷	02 上海	III_A
	04 成都	III_C
温和	03 昆明	V_B
夏热冬暖	05 广州	IV_A
	06 琼海	IV_A

图3 本研究中选择的地点

在一些气候区，因为一些小的气候差异，如干燥或潮湿的夏季、高海拔和极端温度。有必要在同一气候区内选择一个以上的地点进行探讨。再将人口密度和建筑活动密度加入考虑，选择了如图 3 所示的本报告中参考被动房的地点。

下节中总结了这些地点的主要特征。进一步说明气候特征的图表请见 6.6 ~ 6.14 节。

4.1 研究地点 01 北京：首都

中国的首都，位于北纬 40°，冬季寒冷干燥，夏季温暖潮湿。因此，采暖和制冷都是必要的。

4.2 研究地点 02 上海：工业化的东部沿海

上海位于经济实力强大的东部沿海地区。采暖仍有需要，但温暖潮湿的夏季是一大挑战。

4.3 研究地点 03 成都：西部的大城

成都海拔 500m 以上，是中国从东部沿海向内陆延伸的高度工业化地区的最西端。气候类似于上海。

4.4 研究地点 04 昆明：春城

昆明气候非常温和。月平均温度变化介于 9 ~ 20℃之间。北纬 25°，近 2000m 海拔高度，全年太阳辐射充足。

4.5 研究地点 05 广州：工业化的南部沿海

广州是广东省会，中国第三大城，珠三角地区的代表。属热带气候，夏季炎热潮湿，冬季温和干燥。制冷除湿占主要地位。

4.6 研究地点 06 琼海：热带地区

琼海位于中国最南端的海南岛上。夏季类似广州，冬季更温暖，更潮湿。同样，这是制冷主导的气候区，并需要大量的除湿。

4.7 研究地点 07 哈尔滨：寒冷，夏季潮湿

哈尔滨地处严寒气候区。每年有数月月平均温度低于 -10℃ [是否应该更低 -10℃]。由于海洋的影响，夏季相当潮湿。

4.8 研究地点 08 乌鲁木齐：寒冷，夏季干燥

乌鲁木齐属大陆性气候。冬天寒冷类似哈尔滨，而整个夏季月平均气温上升到 20℃以上。半干旱气候，湿度不是问题。

4.9 研究地点 09 拉萨：晴朗高海拔地区

拉萨海拔高度 3600m，北纬 30°。冬季月平均温度低于 0℃，结合高水平的太阳辐射。夏季温和干燥。

5　一般性设计建议

5.1　被动房基本原则

被动房这个名字已经表明，被动房原理强调被动方式，即运用的技术中不需要运动部件（例如：阀门、泵、发动机等），不需要麻烦的控制方式，不需要复杂的机械。而用到的主动式技术则简单，易于安装，易于维护，故障风险低，预期寿命长。

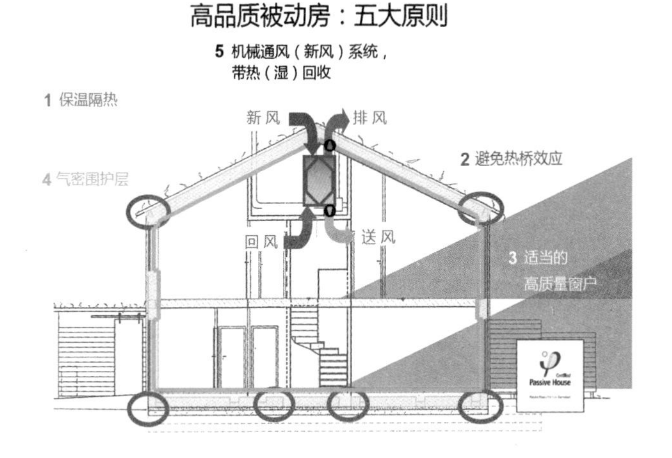

图4　被动房设计的五个最重要原则

这种“外围优先”（fabric first）的方法可以归纳为以下五个基本原则：

- 应用良好的保温材料包裹整个建筑，包括屋顶，墙体，底板或地下室顶板。典型的保温水平因气候而异。通常情况下，屋面的保温应优于墙面，墙面优于底板。

- 避免热桥，例如阳台造成的突出混凝土板，或在非采暖制冷的地下室中，穿入地下室顶板的砌体内墙。窗户应安装在保温层内。为地下室保温层选择既能承重又能保温的材料。尽可能使保温层以均匀的保温效果围绕整个建筑，选择高度隔热的断桥窗框。

- 使用高品质低辐射（low-e）玻璃，用惰性气体充填。在许多气候条件下，传热系数U值约0.6W/（m^2K），太阳得热系数g值50%～60%的三玻窗是合适的。在温和气候区，低辐射双玻窗可能就足够了。对于制冷需求为主的炎热地区，带遮阳的双玻或三玻窗是正确的选择。

- 周密考虑气密设计，建立一个非常气密的外围护。所有节点和接口都要设计为气密。气密可以避免不适感，减少温湿调节能耗需求，提高室内空气品质，并降低未经控制的潮湿气流损害热围护的风险。通常在每个被动房气密外围护完成后，都要以“鼓风门测试”测量气密性。在50Pa（n_{50}）的压力差下，换气次数应低于$0.6h^{-1}$。

- 通过有热交换的机械通风系统，持续提供新风。这种系统的优点和上述的气密性优点相同。热回收的效率应达到75%～90%，该数字受气候影响。对于冬季严寒或夏季潮湿的气候，应使用含湿度回收的能量回收通风系统（全热交换新风系统）。

整体而言，使用经过被动房研究所认证的组件是有利的。

根据不同的气候，对以上手段未能完全避免的小量剩余热负荷，需用机械手段满足制冷、采暖、除湿等一种或多种任务。这方面有多种不同的选择，例如小型化的常规设备，或专门为被动房开发的新技术。

5.2 经济的被动房

在德国和欧洲实现大规模应用被动房的过程中，经济性是非常重要的因素。只有当用户能够负担得起这种建筑，只有当增量投资控制在一定范围内，被动房原理才可能被更广泛地接受。德国的边界条件已经显示，被动房标准在经济性上是可行的。增量投资成本可以通过节能效益在合理时间内回收。

几乎任何建筑设计都可以建成为被动房，但另一方面，如果遵循推荐的设计准则，建设被动房可以经济得多。

大多数最终的建造成本，在一开始设计时就已经决定了。因此，是否要建被动房，最好在画出第一张草图之前，甚至在购买地块之前，就作出决定。

当然，建筑设计涉及许多方面，都不应忽视。这里先专注于建筑成本效益，以下各方面应在整个规划过程中加以考虑：

- 紧凑的建筑围护结构，尽量减小外表面积，这是相对昂贵的部分。避免不必要的突出处，例如飘窗，壁龛，塔楼。预留足够的楼层净空高度，但安装施工设计方式应避免产生额外的构造高度，这会导致很大的吊顶（和额外的外墙面积）。任何额外的外表面都会增加室内室外之间的热传递。为维持相等的热传递量，会被迫因为这些增加的面积而增加保温。

- 每户住宅单元中，送风房间和回风房间应合理安排，避免送风管与回风管交叉。否则在交叉点就需要额外的空间高度。在每户单元中将浴室和厨房集中在同一侧很有帮助。它也减少了供水和污水管道的长度，简化可能需要的浴室散热器连接。此外，热水管越少，管道热损失就越少。

- 在平面布置中常有一个或多个中央起居室。这些空间并不一定需要专门的送风或回风连接。这里的新鲜空气可以通过从其他房间溢流的空气提供。

- 在采暖为主的气候区，尽量将热水系统（包括分管和水箱）置于热围护结构之内，这样管道的热损失，会抵消部分采暖需求，也就是这些损失的一部分实际上得到了回收。在制冷为主的气候区，尽可能将热水系统置于的热围护结构的外面。这两种情况下都要尽可能地减少管道长度。

- 在出最终图纸之前，设计好所有管道的路径，包括墙体和天花板的必要开口。留孔比钻孔要经济。

- 选择足够的开窗面积，以获得充足日光照明及通风（在温和季节），但要考虑窗户是热围护结构中最昂贵的部分。与有保温的墙体相比，窗户在需采暖的时期热流失更高，在需制冷的时期热负荷更大。只有在南立面，有利条件下冬季的太阳得热可能高于热流失。

- 除非必要，不要把大窗户分割为多个小块；

• 房间安排应让窗户大多数面积朝南（在采暖为主的气候区，冬日的低角度阳光能够获得太阳能）；或朝北朝南（在制冷为主的气候区，这里大多数太阳能热负荷在屋顶上，其次在东、西立面）。这样的设计可以同时优化冬季和夏季太阳能得热。

6　适合中国各气候区的被动房

本章介绍在第4章中选择的九个城市中的被动房特性。第一步是定义参考建筑的几何形状：一个适合中国市场平面布置的高层住宅楼。该建筑用两个不同的设计工具建模：首先用PHPP（见第6.1节），获得快速而全面的评估；再用动态模拟进行湿热过程的深入分析。并按每个地点的气候条件选择建筑组件，以使该建筑达到国际定义的被动房标准。

本章旨在表明：

- 被动房可在中国各气候区实现；
- 需要哪些组件来达到此目标；
- 哪些因素是成功的关键。

注：参考被动房中选择组件的原则是，能够使完成的建筑物依照PHPP计算符合被动房功能，即每日平均峰值的采暖和制冷负荷低于10 W/m^2。鉴于PHPP保留了一定的安全余量，在动态模拟中确定的参照被动房的实际峰值负荷更低。在模拟中，所有范例的温湿调节仅允许经由对送风进行调节。特别在降温为主的气候区，在实践中加入少量的室内循环风更有利于实现上述的安全余量。

6.1　计算工具

本研究中应用了两种不同的计算工具。

DYNBIL是被动房研究所研发的建筑动态热工模拟程序。DYNBIL同时考虑热湿的存储和传递过程。热工室模型建立于一个空气节点和一个辐射节点之上，两者清楚地相互独立。内表面的换热系数根据所处的空间位置和实时温差进行计算；对于外表面，则考虑整个太阳辐射和红外辐射平衡以及风速的影响。玻璃的U值和g值根据每个模拟时间点的实时温度和太阳辐射进行计算。墙体模型则是通过向前差分法实现，从而满足能量守恒原理，即使是长时间的情况下。该程序的可靠性经过对许多建筑项目非常详细地测量获得了验证（例如参见[Feist，1999]，[Kaufmann，2001]，[Schnieders，2003]）。

被动房规划设计软件包PHPP（Passive House Planning Package）是专门为被动房规划而开发的一整套Excel工作簿。其可靠性经过大量验证，包括与动态模拟程序以及与数百户使用中的住宅单元的实测对比（参见例如[Schnieders,2001],[Pfluger，2001]，[Feist，2005]，[Feist，2005a]）。PHPP采用能量平衡的方法来确定每年的采暖和制冷需求；在合理调适的边界条件下，在静态平衡下计算采暖和制冷负荷。该程序还包括完整的一次能源平衡计算，包括热水和家庭电力消耗的相关数据。PHPP也包含未来建筑中可再生一次能源（PER，Primary Energy Renewable）计划的评估程序。由于专注于最重要的因素，PHPP输入数据量小，计算时间短，整合电子表格的灵活性高，对实际消耗预测准确。已成为规划被动房的标准工具。

6.2 参考被动房说明

一个典型的中国高层建筑被选为以下研究工作的基础。该设计可以代表中国新住宅的典型结构，同时不过于复杂，便于进行详细的分析。在本研究的范围中，仅需比例为 1∶200 的普通结构图。既不决定也不探讨审美细节。留给建筑设计很多自由空间。所述参考房的立面见图 5。

在计算中考虑了如图 6 所示的中间层标准平面图。分析中忽略了可能有的地下室，底层和上一层的细节。但屋顶和底板的热量损失和增益已经考虑在内。该住宅楼假设为十层，如图 5 所示。其实楼层数并不特别重要，所得到的一般结论对 5 层或 30 层的建筑同样适用。

建筑物每层有三户中等大小的公寓，每户有 60 ~ 110m^2 居住面积。每个公寓有一个 2m 深的开放的朝南阳台。正如许多中国式布局，公寓内没有中央走廊，到所有其他房间都要通过中央起居室。公寓 B 采用开放式厨房连起居室模式，其他两个公寓有独立的厨房。

该设计演示了如何创建一个经济的被动房的基础：首先，选择了简单紧凑的外围护形状，把外表面积对居住面积的比例以及相应的热传递降到最低。阳台突出于长方形的楼板平面之前。这使得建筑的外观活泼，而且，比较不太会被住户随意封闭起来，合并到保温的居住空间里去(参见第 6.5.2 节讨论)。阳台有独立的基础，只与中间层主体的天花板有连接。这种设计最大限度地减少了热桥效应。

起居室和阳台朝南，卫生间和厨房一般朝北 。这种布置让大多数窗户面朝南，在冬季可以得到最大的太阳辐射，作为采暖的辅助。同时，夏日高角度的阳光带来的太阳能负荷仍然很小，特别是起居室的大窗户还在阳台阴影里。窗户尺寸设计为能够提供足够的采光，但仍是较小的，以尽可能降低建筑成本，冬季热损失和夏季太阳热负荷相对都较小。

每个公寓的厨房和浴室都集中在同一侧。这有助于简化水管系统和通风管系统，并减少热水系统的热损失。

该建筑是重型结构，例如砌体填充的混凝土框架结构。隔热采用薄抹灰外墙外保温系统（EIFS, external insulation and finish system)，铺设在砖墙的外侧，避免了热桥。

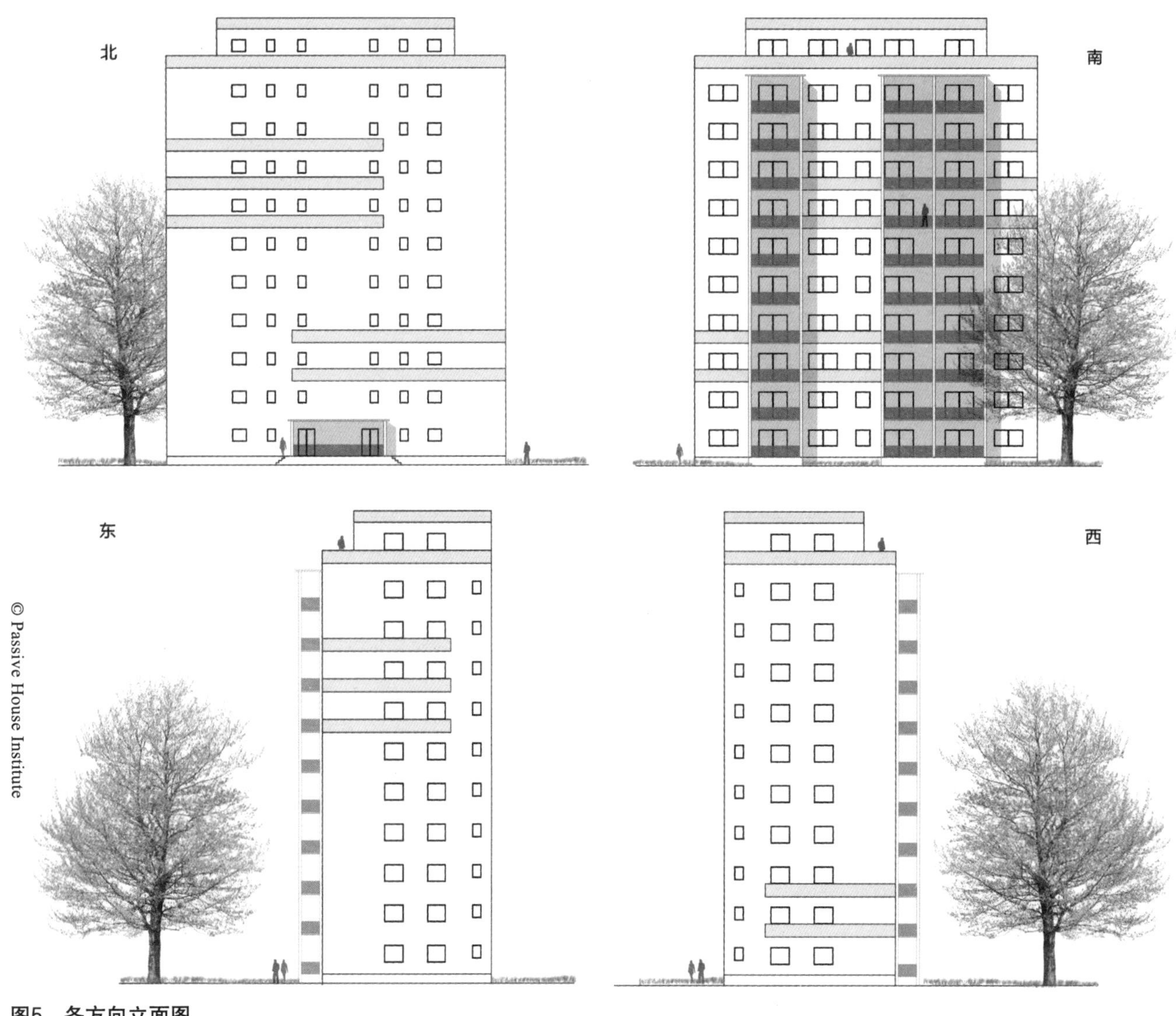

图5 各方向立面图

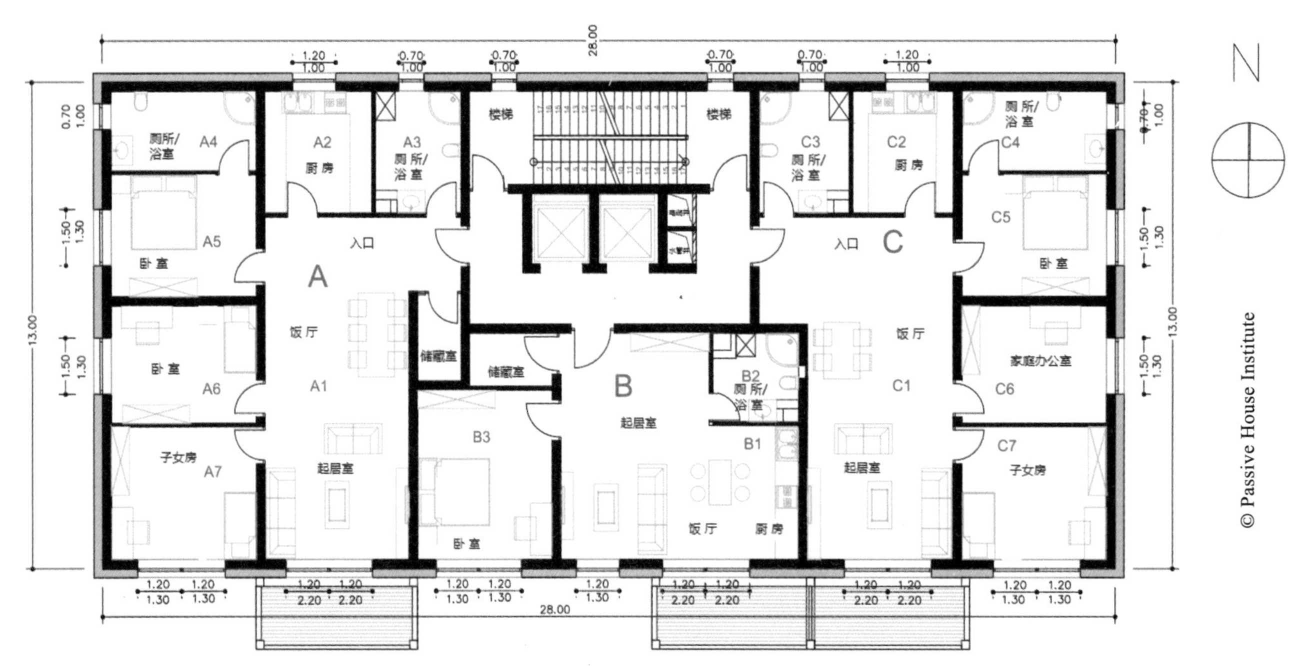

图6 典型平面图

假设三个公寓的利用模式各不相同。A户居住4人，B户2人，C户3人。每一区域在空间和时间上的内部热负荷分布按照人员、家电、照明、制冷、冷热水等采取合理假设。

除了非常温和的气候条件外，需用带热回收的机械通风系统提供良好的室内空气品质。对于大多数地点，该系统同时回收热量和湿度，所以它实际上是能量回收通风系统（ERV Energy Recovery Ventilator，即全热交换新风系统）而不仅是不处理湿度的热回收通风系统（HRV Heat Recovery Ventilator）。见图7～图9通风系统的布置。

在参考建筑中，每间公寓的浴室或厨房有一个独立的小通风单元。热交换器应尽可能靠近热外围护结构，以尽量减少从采暖空间传到冷管道（在制冷的情况下方向相反，道理相同）的热损失。

如图7所示，新风系统连接到一个简单而小型的风管道系统，新风被分配到起居室和卧室。回风管道则延伸到污染物浓度最高厨房和浴室。无需向中央起居室送新风，而是让卧室空气溢流到起居室及后面的排风房间，实现以单一气流一次服务三种不同的房间。这个策略可以用简单的分配系统非常有效地使用新鲜空气。如果人员停留在卧室，空气在卧室中使用，无需为起居室提供额外的气流；如果人员停留在起居室，卧室溢出的空气仍是新鲜的，可以有效服务起居室需求。

公寓的典型通风管直径为150～200 mm，包括管道保温。管道很小，可以置于门的上方，墙壁和顶棚之间的边角。这里不需要配合大体积管道的吊顶。这样可以减少顶棚之间的距离（即楼层高度），节省可观的建造成本——或者在固定檐高下获得更多楼层。

另一方式为，直接为中央起居室提供专属的送风量。在本范例中，这不过是多装一个送风口和一个消音器，以避免各室之间的传声。见图8管道系统的相应布局。

各公寓独立的机械热回收通风（MVHR）单元在简单性、责任划分和消防各方面有明显优势。而详细分析表明，特别是小公寓，用一个通风装置服务于多个公寓的集中式系统造价可能会稍便宜。较长风管的运行压力降可由更高效的风扇抵消。对过滤器、风扇及热交换器的维修比较简单，因为不必进入各公寓，无需事先与住客预约。如果每五层楼在楼梯间附近配置一个设备房，则通风竖井只需上下各延伸两个楼层。中央管道系统或各公寓独立管道系统这两种选项都是可行的。设计者可以自行选择。

为满足住客开窗习惯，可开式窗户是不可少的。但一年的大部分时间里，并不需要开窗。在高污染地区，少开窗可提高室内空气品质。只有在某些地点，例如昆明或乌鲁木齐，在温暖时期开窗是被动散热的有效手段。

附录A中有关建筑物和模拟模型的更多信息。

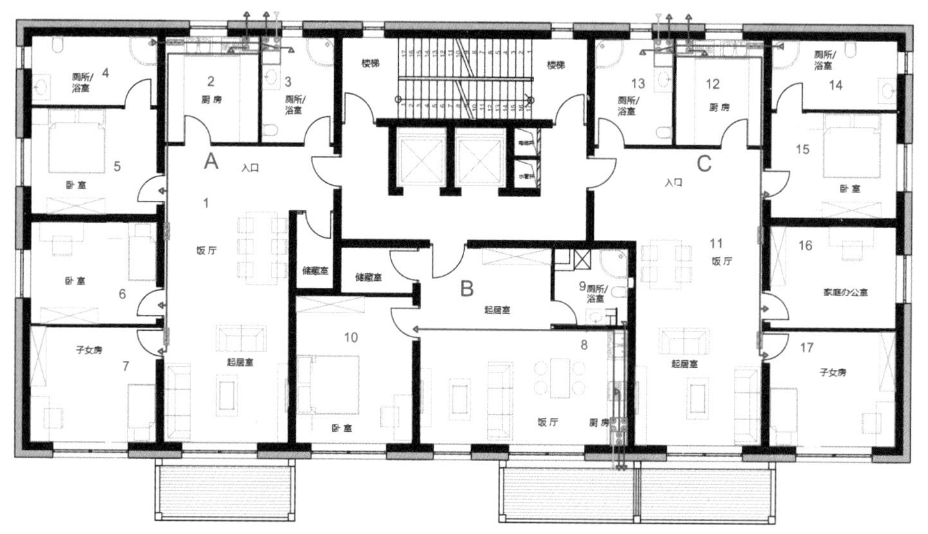

图7　平面图及通风系统

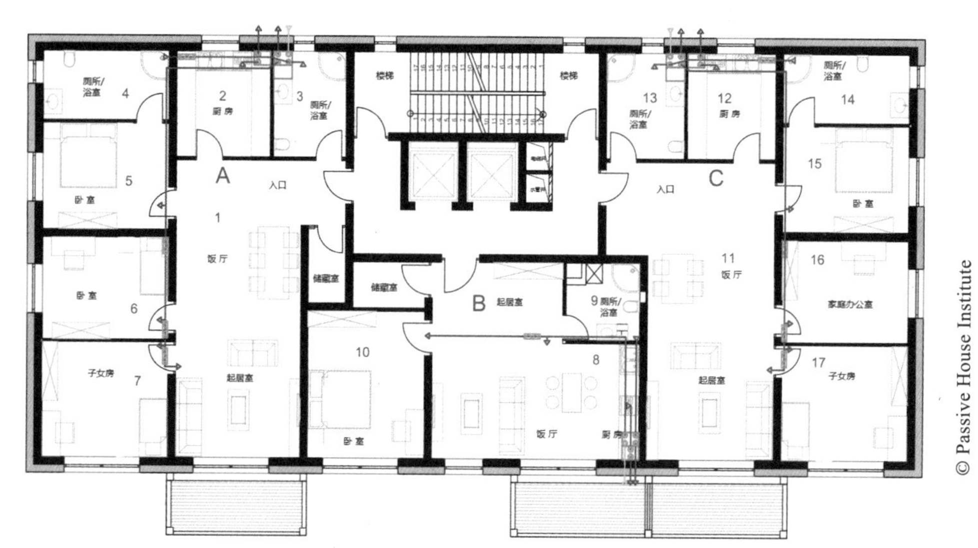

图8　另一种设计方案：通风系统为起居室提供专用空气流

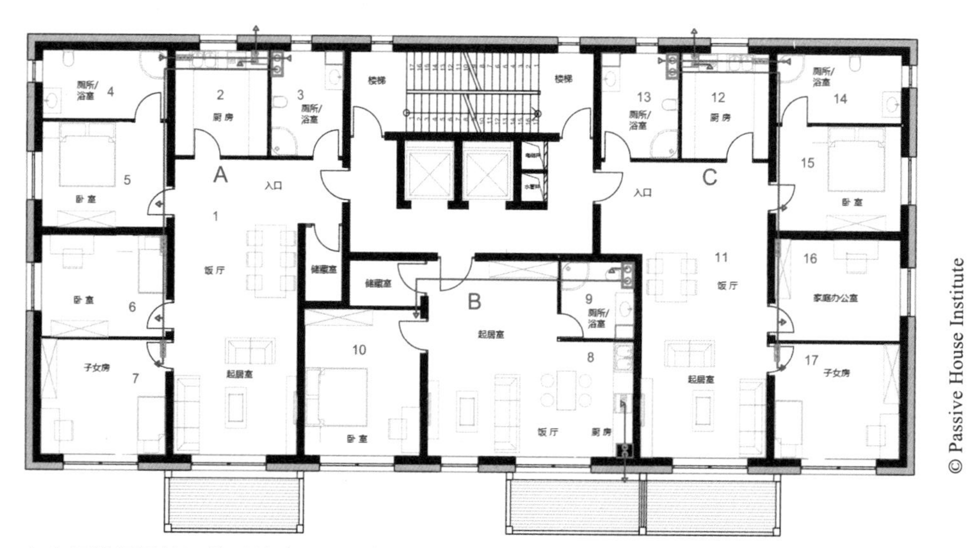

图9　对大型建筑，中央机械通风热回收系统（MVHR）可服务多户公寓

6.3 气候数据

所有的计算都基于中国标准气象数据[CSWD，2005]。这些数据专为在建筑模拟中的应用而建立。在本研究中，使用数据组为典型的气象条件。

6.4 舒适度要求

热舒适性通常定义如下[ASHRAE 55]:“通过主观评价，对热环境表示满意的心理状态”。尽管根据这个定义热舒适度是主观的感受，但量化的标准在建筑设计中还是必要的。在文献中还可以找到其他不同而可接受的有关舒适范围的定义。

热舒适的关键参数无疑是作用温度。这可以粗略地被描述为在一个空间中空气温度和辐射温度的平均值。此外，湿度也起着重要作用。

在这项研究中，我们要求建筑满足以下条件：

• 作用温度≥ 20℃；
• 作用温度≤ 25℃；
• 含湿量≤ 12g/kg 干空气；
• 相对湿度≥ 30%。

如果室内条件在短时间内稍微超出这个舒适范围，仍是可接受的。如果因某类型空调系统，在公寓的一些房间温度较高或较低而相差不超过1K，系统仍应视为是合适的。

值得注意的是，中国的规范标准经常使用更宽的舒适范围，例如冬季16～18℃，夏季可达28℃。显然，这样的条件涉及降低舒适度标准。为了比较不同的建筑标准的能源需求，所有案例中都应用相同的舒适度标准。

本研究中不考虑所谓的“夏季自适应舒适模型”。这种模型近年受到广泛的讨论（参见[Energy and Buildings，2002]），甚至还进入了某些标准，如ASHRAE 55。这种模型在外界温度升高时，如果不使用主动制冷，容许更高的室内温度（例如，琼海高达30℃），然而，这些模型可以外延到什么程度颇堪置疑。人的期待心理起到重要作用，而模型的范围目前还不清楚。对于自适应舒适模型的详细讨论见[Schnieders，2009]。

温度和湿度以外，几个其他因素可能是不舒感适的主要原因，例如空气流速，温度分层，温度均匀度，辐射温度的差异。[ISO 7730]中给出了局部舒适性的标准。虽然本研究中不会深入讨论这些标准，但应该指出，被动房的最小化热流动和低传热系数U值，提供了优异的局部舒适性。

6.5 对所有气候区的一般性发现

每个建筑都是不同的，布局、规划、边界条件、目标、客户要求等方面都会有差异。因此，以下描述的被动房配置只能作为初步指南。每个建筑的个性化配置必须用PHPP根据特定地点的具体项目进行制定。气候、建筑物的遮挡和形状在这里是非常重要的。特别是，建筑物的紧凑性起着很大的作用。

这里研究的参考建筑高层住宅楼是非常紧凑的，即它的外表面对封闭体积的比（体形系数）很小。设计的其他方面也都得到优化。大多数窗户都在南立面，冬季可获得很多太阳辐射，夏季则相对较小。南阳台增强了这种效应。在建筑内过道区域被减到最少，因而增加了有效居住区域的面积，这也是验证被动房功能的参考区域。

尽管紧凑建筑是中国建筑的主流（这就是本研究选择这种类型为参考建筑的原因），但应注意的是，体量更小的、没有充分优化的建筑设计，大多需要比这里的参考被动房更厚的保温层。

6.5.1 综述：组件与建筑参数

从九个被动房的配置可得到下述一般结论：

- 高层住宅建筑的保温层厚度相对不算太厚。在较温暖的地点，外墙保温层一般为 80 ~ 150mm。严寒地区如哈尔滨或乌鲁木齐必须选择加厚保温层，最高可达约 300mm。屋面保温层通常比外墙保温层厚。

- 保温层一般置于墙的外侧。这可让结构避免热桥。在寒冷气候区，这可使大部分墙体保持温暖干燥。在这项研究中的所有建筑模拟和能量平衡计算都是按外墙外保温进行的。尽管如此，在热带气候影响地区，其中温度和水蒸气梯度内外逆转，U 值要求不高，内保温可以是良好的解决方案。这要求对所有节点精心设计，以避免过多热桥效应。

- 在严寒地区必须选择 U 值很低的窗玻璃。低辐射镀膜三玻甚至四玻（或真空）充氩，Ug = 0.35 ~ 0.5 W/（m^2K），是被动房方案的核心组件。同时配上高度隔热的窗框。强烈推荐经被动房认证的窗户 —— 部分产品已在中国生产。

- 在夏热冬暖地区，必须慎选窗玻璃。需同时兼顾高日光透射率（例如：0.6）与低太阳得热系数（例如：0.3）。

- 窗户安装的正确位置是在保温层内。这能显著减少热桥的影响。将窗户安装在砌体或混凝土层内，将严重破坏高质量窗户的隔热性能。

- 在温暖及夏热冬暖地区，大挑檐、深凹窗帮（窗口侧面）可有效改善窗的遮阳效果，避免或减少直射玻璃的太阳辐射。这种方式可与内保温配合良好。

- 在寒冷地区，应尽量减少挑檐和窗帮的遮阳效果。这正符合将窗户安装于外保温层内的策略。

- 在夏季热而潮湿的地区，夏天应避免开窗通风。否则湿负荷会大大增加。

- 相反，在夏季湿度适中地区，如哈尔滨或乌鲁木齐，开窗通风是被动制冷的重要手段。缺点是会引入很多灰尘。

- 视项目而定，如果有灰尘、噪声、当地安保等顾虑，经过新风系统进行夏季通风可能是必要的。

- 在夏季炎热潮湿的气候区，带能量回收的通风系统（全热交换新风系统）必须连续工作。

- 既能采暖又能制冷的室外空气源热泵几乎在所有地区都很有效。如果在严寒气候区利用热泵采暖，应利用地埋管作为热源，以在寒冷季节达到较高的能效系数。室外空气源热泵在这些区域能效不佳，因为需在冬季极低温度下持续使用好几个月。作为替代，可利用热电联产站（CHP）或其他高效的供暖装置。

- 每人 1 ~ 1.5m^2 集热面积的太阳能生活热水系统（SDHW），在各种气候条件下都是合理的选择。

6.5.2 阳台

用户与开发商常常要求有阳台。根据定义，阳台在热围护结构之外。它与主结构的连接将或多或少造成显著的热桥。悬挑的突出混凝土楼板很不利，因为有严重的热桥效应（热桥线传热系数 $\Psi \approx 0.6$ W/mK），既造成高传热，又有在寒冷气候里产生冷凝水的风险。嵌入式阳台可能更糟糕。本研究中参考被动房的阳台，支撑于独立的基础之上，并与每一层楼板相连，以维持结构稳定。计算模型中有意假设很少的连接（每层每个阳台 2 个各为 χ = 0.3 W/K 热桥点传热系数的连接）。如果按此建造，阳台的热桥效应会降低到可以忽略不计。

值得注意的是，阳台加装玻璃这一普遍现象可能严重破坏被动房的性能。玻璃和阳台其余部分的 U 值可能非常差。如果加玻阳台被作为生活空间，阳台门又经常开着，住宅的热损失会急剧上升。对寒冷气候区的参考被动房，如果采用了（单层）玻璃窗阳台加敞开的阳台门，将使热量损失达到三倍之多。舒适度大减，采暖需求大增。

应该将这个事实普遍告知住户。阳台的结构本身使它要成为半调温空间都很困难。

6.5.3 通风系统

中国的环境条件，可能冬季相当寒冷干燥，夏季温暖潮湿。非常气密的外围护结构和能量回收通风系统（ERV，全热交换新风系统）的组合可提供良好的空气品质，并减少能源需求。表 1 中显示了一个对能源需求影响的实例。 对于北京，可以看到影响最大的是采暖需求，但该系统也减少了近 3 倍的除湿需求。

带能量回收通风系统（全热交换新风系统）的气密建筑也改善了室内的相对湿度。在冬季，进入建筑的寒冷干燥的室外空气（这同时会带走从室内释出的宝贵湿度）大幅减少。在夏季，由于通风系统和渗透风的低湿负荷，温控的制冷设备可以让室内湿度降到较低水平。图 10 所示为北京的例子。

年度使用能源需求受气密性和能量回收（全热交换）系统的显著影响。北京实例 表1

	方案		
	有 ERV（能量回收通风系统）	无 ERV	无 ERV，换气次数 $n_{50} = 5h^{-1}$
采暖需求 [kWh/(m^2a)]	8.0	31.2	54.9
制冷需求 [kWh/(m^2a)]	7.0	8.3	9.2
除湿需求 [kWh/(m^2a)]	5.7	9.7	15.0

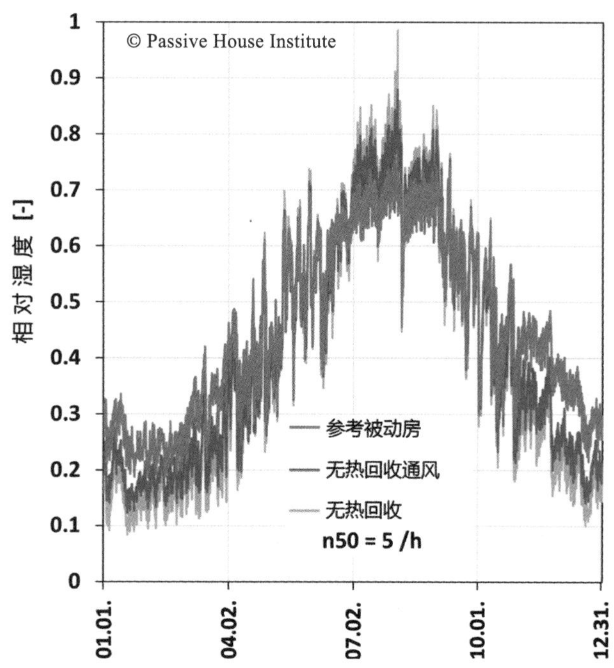

图10 能量回收通风系统（ERV，全热交换新风系统）和良好气密性的组合，可提高冬季的相对湿度，并降低夏季相对湿度。参考被动房，起居室，分体式空调除湿模式，北京

6.5.4 采暖和制冷的分配

被动房采暖和制冷的峰值负荷非常小，通常在 10W/m^2（居住面积）这个量级。这比普通标准建筑物设计峰值负荷小 5 ~ 10 倍。

如果将这么低的峰值负荷完全用于加热在本研究中参考建筑的蓄热容量，升高 1 K 温度需要 24 小时。

通过敞开的房间门，1 K 温度差下，自然对流将输送约 100W，这足以加热或降温一个 10m^2 面积的房间。通过隔墙的热传导通常较小，但不能忽略：取决于墙体构造，100W/K 传热系数至少需要 25m^2 的墙面积。

这些数字说明的是，采暖制冷的时间或空间位置对被动房影响不大。因此，相对于常规系统，温湿调节系统可以大大简化。应利用这个特性，尽量减少被动房的总投资成本。

在保温不佳的住宅中，为每个房间提供足够采暖、制冷、除湿的系统十分昂贵，通常不会这样去安装。散热器或地暖供暖可以相对容易地覆盖每个房间，制冷则需要用多联分体式空调系统，每个房间装一台室内机；或（通常便宜一点）用相应数量的小型分体式空调。在中国许多气候条件下，原则上需加装除湿机处理过量湿度。如下文所示。

在本节中，我们将讨论目前看起来是最有前途的被动房简化系统。以北京为例，因为这里对采暖、制冷、除湿都有需要。

这里需要强调的是，应对每个住宅单元单独进行温度控制。各家的习惯和要求很不相同。图 11 显示，由住户选择的冬季室内温度从 18 ~ 25℃不等。必须让每户可以独立调节温度，才能使住户满意。

还应当指出的是，通常不需要对每一个房间个别控制温度。 每户中都有几个房间是此户成员共用的，大家总要一定程度地协调好都能接受的偏好温度。浴室可能是一个例外，有些人喜欢较高的温度。

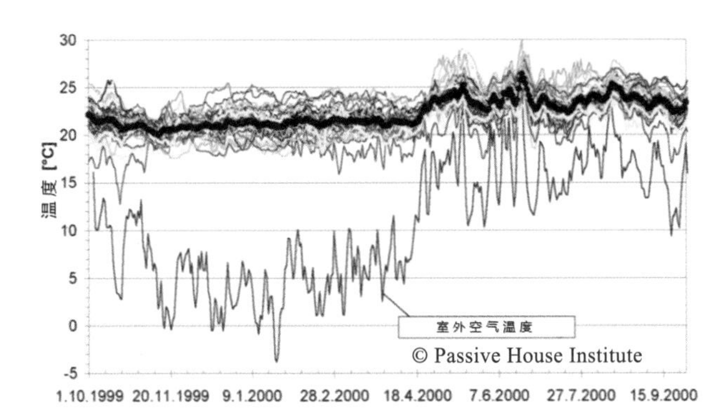

图11　德国汉诺威市科伦斯贝尔格（Hannover-Kronsberg），16个相同的联排被动房实测温度。显示温度偏好的差异很大。每户都有足够的采暖功率，未安装主动制冷

6.5.4.1　中央小型分体机

有中央起居室或中央过道的住宅单元，通常在这个位置装一台空调装置就足够了。这是容易取得又便宜的系统。因为小型分体式空调的应用非常普遍，每年生产几百万台，价格低廉。

高质量的分体机可以在室外35℃ / 室内27℃条件下，达到能效比（Energy Efficiency Ratio，简称EER）5。缺点是气流速度高，造成吹风感和噪声。在典型的运行条件下，用较低的气流速率，也可达到能效比3 ~ 4。低流速时除湿效率也会提高。

一般分体机的显热比（SHR，显热制冷量与全热制冷量（显热加潜热）的比）为65% ~ 80%（7000 kJ/kg <ε<13000 kJ/kg）。在中国的许多被动房里，潜冷需求有时超过显冷需求。换言之，建筑物的显热比在这期间低于50%（ε<5000kJ/kg），即潜热制冷需求比显热制冷需求更大。这意味着分体机虽然提供了相当的制冷量，却不能充分除湿。

空气湿度分析可以证明，在25℃ / 60%相对湿度的期望室内条件下，单用制冷盘管不能使显热比（SHR）达到55%以下,因此外加除湿装置是必要的。

图12显示，在北京相对温和的夏季气候所得的情况：在起居室安装一台分体式空调，每kW制冷量200m^3/h的典型设计空气流量（美制单位：400CFM/ton），但没有除湿机。所有房间所得含湿量超过14g/kg，相对湿度有时高于80%。只有在这么高的湿度下，分体机的潜热部分才高到足以保持室内条件稳定。

在比较潮湿的气候条件下，如广州或琼海，在冬春季短暂的温暖时期，可能发生相对湿度超过80%以上，却完全没有显热制冷需求，因为整个建筑体的温度都还不高。此时室外空气的高湿度为主要问题。

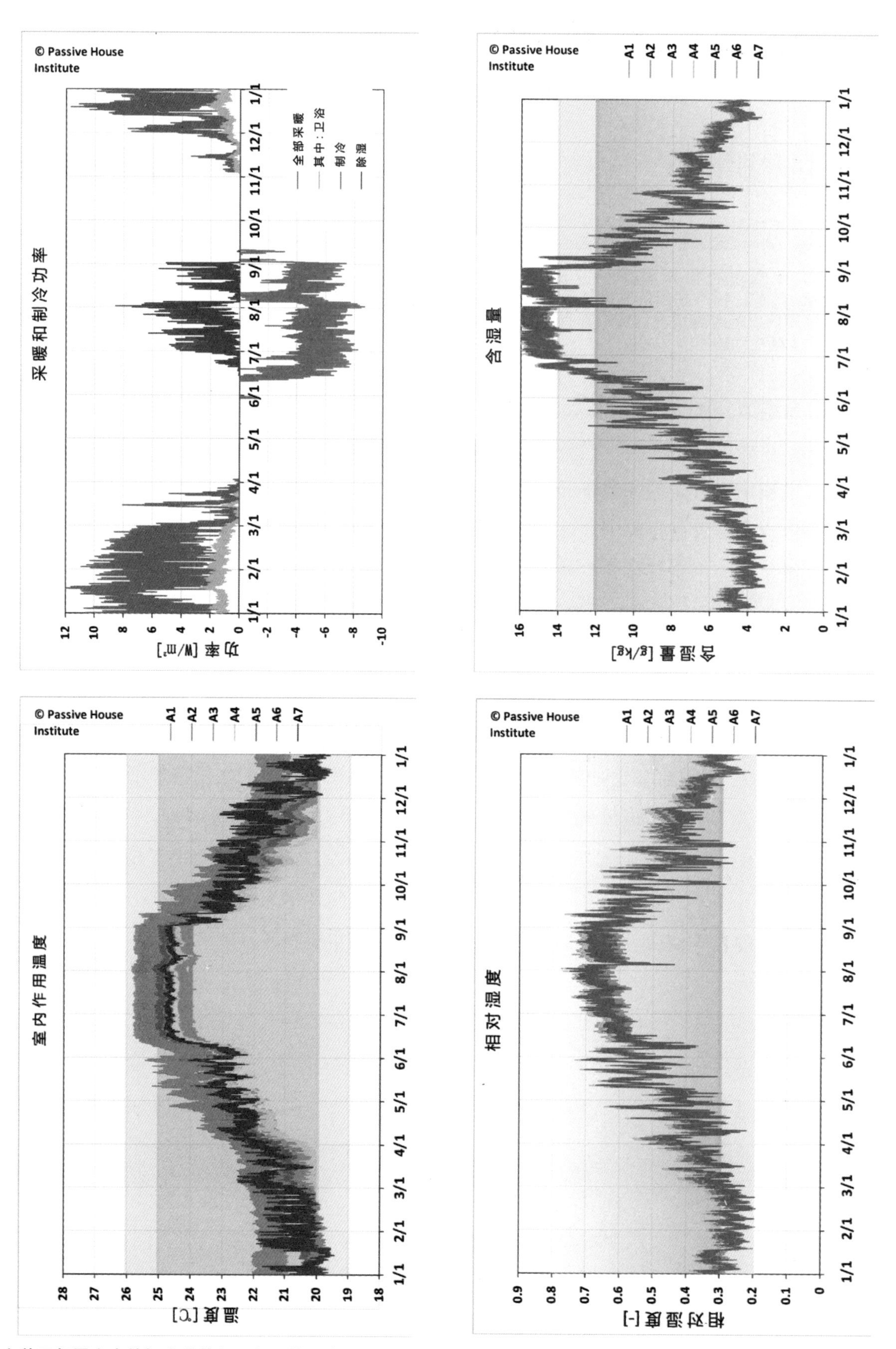

图12　安装于起居室中的标准分体机运行下的温度、温湿调节功率和湿度（北京，公寓A）

最经济的解决方案，是在中央房间安装一台独立的除湿器。这些除湿器中有些除湿效率低但非常便宜；也有些效率高而非常昂贵。他们的余热，包括冷凝水的潜热加上除湿机的电力消耗，都进入房间，增加了显热的制冷负荷。因此，分体机需要更多的制冷。其副作用是产生了多余的除湿量。因此，外加的除湿机不必全额提供分体机所不足的除湿量。

降低成本的一种改进策略是，利用分体机的余热对循环风再加热，否则这些余热将被释放到户外。市场上至少有一种小型分体机带有室内侧附加冷凝器。

还有更高效的解决方案，例如利用可控式内部换热器进行预制冷和再加热（参见图57）。据作者所知，目前没有这样的现成设备。让这种产品市场化是提高中国能效的最重要的任务之一。

关于只用一个中央分体机处理不同房间的室内条件这一问题，在下节图21中可以看得很清楚，各房间之间的温度和湿度可以维持较小的差异，只要房间门每天有几个小时敞开。但如果房门一直紧闭，房间之间的温差就变得不可接受，尤其在冬天。如图13所示。

模拟结果经过一些采用该方式的正面实践经验得以验证。数十户已建成的保温良好的房屋成功地使用这种策略。对于多层住宅，例如单户房，联排房或复式房，至少需要有一个室内制冷单元位于最高层，另一个位于最底层。

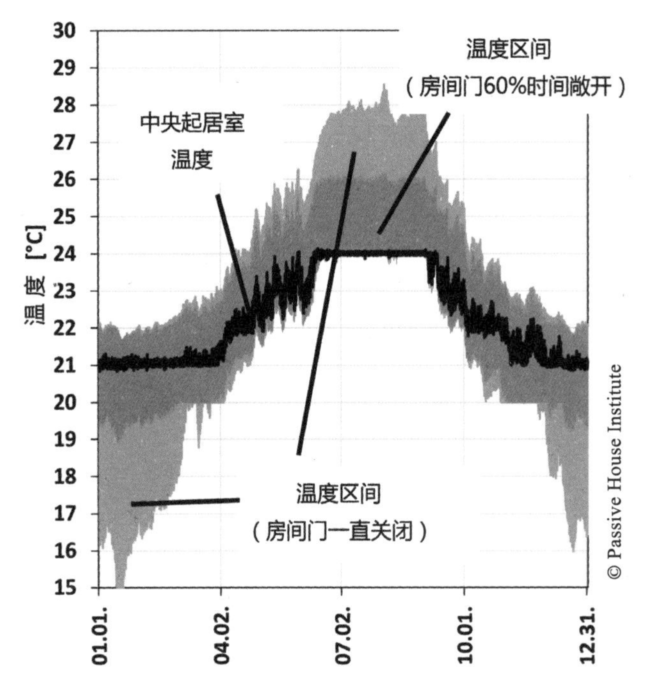

图13　在中央起居室装设小型分体机，如果室内门保持关闭状态，住宅内的温差就难以接受。北京参考被动房，浴室加装散热器

6.5.4.2　通过送风进行温湿调节（加室内循环风）

尤其具有吸引力的方案是：利用为了保障室内良好空气品质而必须输送到建筑中的新风，来提供采暖、制冷和除湿。这样同一个分配风管道系统可用于多种目的，从而节省了空间和成本。

下节中将显示，这的确是被动房在中国的可行方案。20世纪90年代末，在德国的气候条件下（无需主动制冷）已经被证实，一些被动房就装有送风加热的采暖系统（参见例如 [Schnieders 2006]）。

送风加热系统可输送的最大功率约为 10W/m^2。制冷时可达到的温差较小，因而用于输送显热制冷分配的功率约为 6W/m^2。如果系统在低送风温度下运行，可以自动提供足够的除湿。

提供通风、能量回收（ERV，全热交换）、采暖、制冷、除湿功能的集成系统，对许多中国气候条件应是的一个非常有利的选项。有关可能的配置细节请见 8.4 节。

如果采暖或制冷功率不足，例如使用的温差较小，或采暖或制冷负荷稍高，提高新风量以增大系统容量不是好办法。这样做将正好在室外条件最恶劣时增加新风负荷，降低系统效率。相反的，有利的方法是，例如从起居室抽取额外的室内循环风（通常为送风量的 100% ~ 200%），让其通过盘管。这将以相同的百分比提高采暖或制冷能力。

这样的系统好像不过是模仿美国很普遍的传统中央空调系统。那里大量的空气（一般换气次数为 5 ~ 10 h^{-1}）通过整个公寓循环。这两个系统的主要区别在于，被动屋系统的容量小 5 ~ 10 倍。这导致管道缩小，可以在外围护以内安装管道而不占多少空间。还同时消除了通过隔热不良的管道及渗漏引发的能量损失。较小的容量也消除了噪声，吹风感，高风机能耗，和房间之间缺少溢流的问题。

适当调整循环风流量，可以帮助控制系统的显热比，避免因不必要的除湿而损失能量。另一方面，一些盘管后端再加热手段允许更低的显热比。这在春季是特别有利的：此时建筑物的质量本身仍然很凉，但室外湿度负荷已经很高，此时只能靠除湿来消除多余的相对湿度，而不是制冷（参照 6.7 / 6.8 节，特别是 6.10 / 6.11 节）。

为维持高能效，只有在必要时才应使用循环风。这样做可以使温湿调节的辅助电力需求降到最低，从而部分抵消了热泵较差的内部热能效比。

与中央小型分体机相比，这种系统的最大优点是，每户内温度分布相对均匀，不受内部房间门的影响（图 14）。内部房间门保持关闭的主要影响是夏天厨房温度会高 1 K。

有关送风制冷系统的其他方面在 8.4 节中讨论。

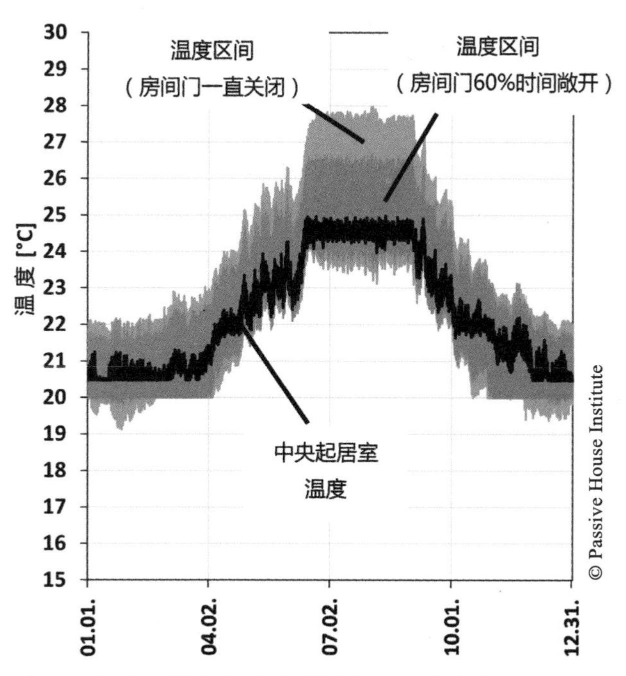

图 14 通过对送风进行温湿调节的一户住宅内温差不大，即使内部房间门保持关闭。参考被动房，浴室加装散热器，北京

6.5.4.3 地暖和辐射制冷

对建筑物内大面积采暖或制冷，可在相对较低的热源温度采暖，或在较高的冷源温度制冷。典型的应用是地暖、辐射降温，或混凝土芯调温系统。

低温差可以提高制暖制冷的能效，尤其是应用热泵时。混凝土芯调温系统的制冷能效比可以比典型的分体式空调高 50%，前提是设计者应选择较高的循环水温，较低的压力损失，较高的泵效率。此外，辐射制冷完全无噪声，也没有吹风感。

对于热负荷很低的被动房，混凝土芯调温系统足以提供全部采暖需求，舒适度不打折。制冷功率可达 20 或 30 W/m^2，比被动房的需求高很多。辐射板制冷功率可达 100 W/m^2。

特别是在建筑物内，不影响混凝土地板的隔音效果下，经降温或加热的中间层楼板可以同时服务上下两方的空间。

辐射制冷不能除湿。原则上，辐射制冷系统可与一个外加除湿机并用。然而，由于典型的除湿机会将其全部余热散到房间内，加大了显热制冷需求。并因此提高了辐射制冷的能源需求。与除湿机和空调制冷装置的组合相反，所有的除湿需求必须由除湿机满足：余热对显热制冷系统中去除的含湿量没有帮助。详细分析得到的结论是，辐射制冷加除湿机的制冷能效比大体低于分体机加除湿机。在除湿机故障或操作不当的情况下，存在冷却板结露或发霉的风险。因此辐射供冷只建议用于夏季炎热干燥的气候。

6.5.4.4 空屋运行

被动房的峰值负荷如此之低，而保持恒温时间如此之久，因此大可以在一天中只用一部分时间给建筑物加热或降温。这一点大有好处，因为可以利用离峰期的廉价电力（目前主要在夜间，未来以太阳能为主的能源系统则在白天）。还可以趁没有人在房间时使用不太安静的分体机或风机盘管。

图 15 所示的模拟中，假设了在每一个房间中有一套理想的（无限强大且完美控制）采暖、制冷和除湿系统，但只有当房间里根据入住日程安排没有人的时候才工作。图中可以看到，当冬季停止采暖后，温度下降大约 1 K。而夏天的温差甚至更小。湿度变化也在可接受范围内，一般不超过 2 g/kg 含湿量。

结论是，只要对用户有利，被动房大可以被当作加热或降温的全天蓄热空间来利用。

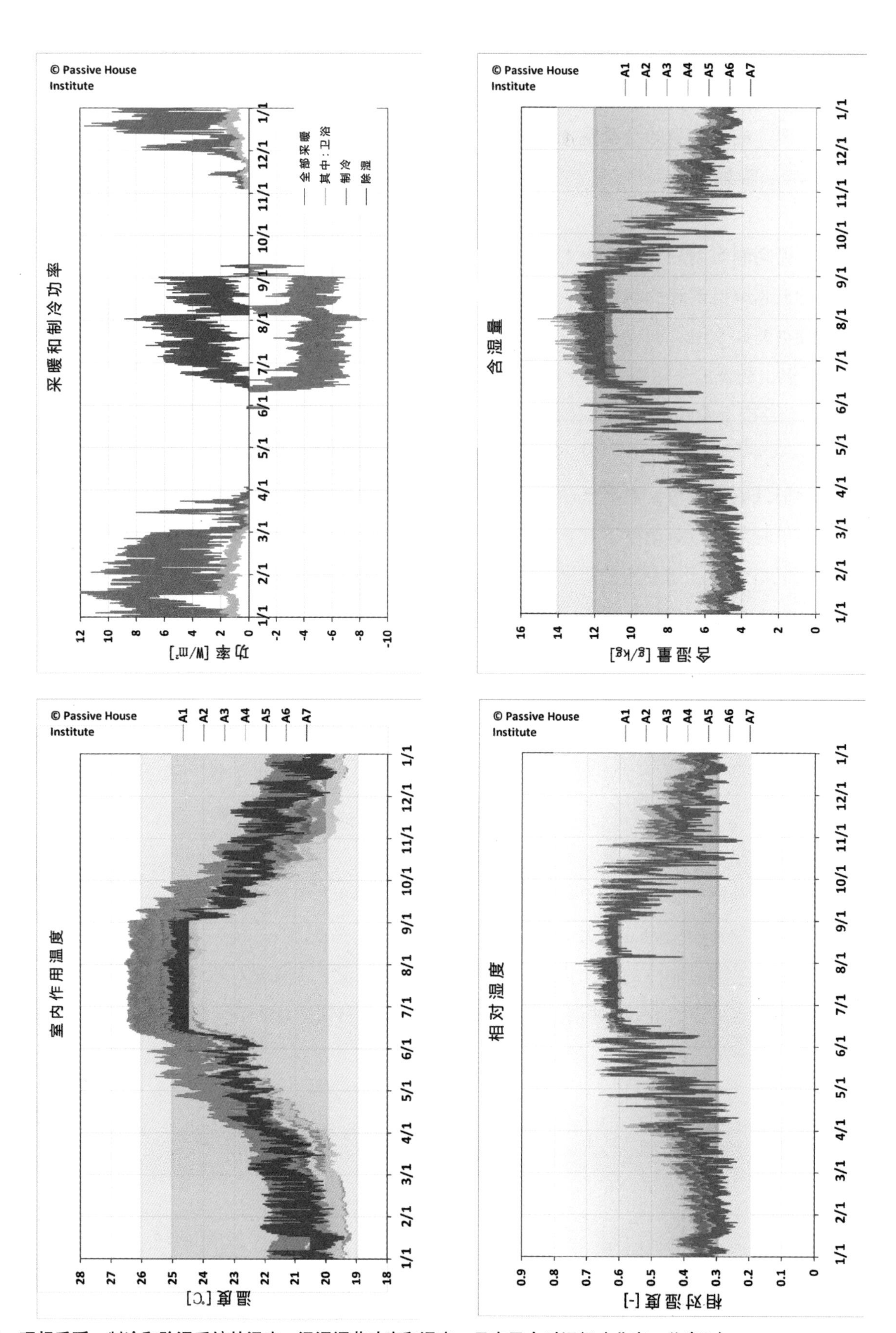

图15 理想采暖、制冷和除湿系统的温度、温湿调节功率和湿度。只在无人时运行（北京，公寓A）

6.5.4.5 中央制热制冷

在前面的章节中，假设每个居住单元都有自己的小型分体机，有风管或无风管，以及相应的室内盘管。在较大的建筑物中，通过一个中央设备为盘管提供冷热量则是不错的选择。高效冷机和热电联产，可以作为以建筑物为单位，或以社区为单位的集中式制冷 / 制热系统，用来为盘管提供热水或冷水。

这种方式有许多优点：

- 系统在加热或制冷模式下运行，不慎错误地在夏季加热或冬季制冷不可能发生；
- 维修较简单，因为不必在居住单元内进行；
- 水冷系统不会发生盘管冻结；
- 热水供应可为浴室散热器或家庭热水站提供热能；
- 大型中央设备房通常比小公寓级别的热泵效率高。

系统无论是在加热或制冷模式运行时，不可避免的分配热损耗可以弥补采暖或制冷负荷的一部分。尽管如此，良好的管道保温仍然是不可少的。

6.5.5 厨房，厨房通风与内部热负荷

饮食在中国占重要地位。中餐特别丰富多样，各地区都有不同的传统菜肴。

在本研究范围内，烹饪对厨房内部的热量和湿度增加的影响特别重要。中国美食的一个特点是使用热炒锅炒菜，大多采用 5 ~ 10 kW 的高热量输出燃气炉，一般使用时间相对较短。然而，也有用汤锅长时间炖煮的菜肴。除此之外，米饭是主食，常用节能电饭煲煮饭，造成的热负荷与湿负荷很小。

我们未能获得关于中国住宅建筑厨房的内部热负荷与湿负荷的可靠信息。总之应假定厨房使用方式很不相同，相应差异很大。有些传统家庭一天在家里烹饪几次，而另一极端是吃速食餐或购买外卖。然而必须假定中国厨房的平均使用强度比欧洲厨房高。

在不同来源的基础上，包括中国规范，个体询问，网络调查，[PHPP] 和 [AkkP 2012]，设定了三种厨房内部热负荷与湿负荷状况，旨在涵盖大部分存在的现象。公寓 A 和公寓 C 厨房中炊具的效能分级，处理过程损失和炒好的菜放在厨房外桌上的散热，都纳入考虑。作为一个例子，公寓 A 内这些负荷和它们在一天内的时间分配列于表 2 。

示例公寓A，厨房使用时间的显热和潜热负荷　表2

	状况		
	高	平均	低
6-8 时	535 W 162 g/h	347 W 105 g/h	177 W 53 g/h
12-14 时	994 W 301 g/h	644 W 195 g/h	328 W 99 g/h
19-22 时	663 W 200 g/h	429 W 130 g/h	219 W 66 g/h

第二个影响公寓热工表现的参数是厨房的通风。目前从厨房排除高热量、水分、油脂和气味负荷的标准解决方案是用抽油烟机抽取空气向外排放。[GB50736] 中列举了 300 和 500m^3/h 之间排风量的抽油烟机，这些数值对应着在欧洲市场上典型的商用抽油烟机。如此大的排气量，室外空气流入补充是绝对必要的，无论是通过一个敞开的窗口，或通过在外墙上的适当进气口，这些开口除了使用期间之外都保持关闭，否则空气会通过泄

漏点涌入全家。按被动房的气密性水平，对应上述流量的压力差约需 100Pa。

考虑到建筑物的能源需求和热舒适性，冬天以及夏季炎热和 / 或潮湿时期中，最好避免厨房的不必要空气交换。用排风式抽油烟机从厨房排除热、湿负荷，尤其是在外部高温高湿的夏季（典型的北京白天：28℃ /18g/kg），不可能维持在舒适范围内。即使没有更准确的模拟，似也可推荐使用循环式抽油烟机，通过滤油网和活性炭过滤器适当净化烹饪区升起的蒸汽。湿气和残留的气味通过厨房的连续回风去除。因此上述的内部负荷状况与两种通风状况相结合：要么没有外部空气交换，要么以 500m^3/h 风量启动排风式抽油烟机，早上、中午和晚上各 30 分钟。

6.5.5.1　模拟结果

如果厨房没有其自己的制冷和除湿装置，例如一个独立的分体式空调，则夏季的温度和湿度水平将高于建筑物内其他房间，造成内部负荷较高。另一方面，如果使用抽油烟机，在冬季偶尔会出现比其他房间温度低的情况，尽管内部热负荷很高。

所得室内环境的可接受程度，可以通过送风制冷的例子来得到最好的解释。此时厨房只通过间接的方式进行空气调节，而内部房间门大多保持关闭。我们使用北京的气候数据来比较不同的情况，因为它既有温暖潮湿的夏季，又有寒冷干燥的冬天。

图 17 中可以看到在公寓 A 厨房的温度和湿度分布。最有利的情况下，即中等的内部负荷，并装有循环式抽油烟机，独立厨房的夏季温度在使用时常升至 27℃。也就是超出了舒适范围大约 2℃，这种差异对工作间来说还是可接受的。冬季温度最高为 22℃，仅略有增加。厨房湿度会上升至含湿量 14g/kg，这不理想，但勉强可以接受。

相反的，如果公寓 A 的独立厨房使用排风式抽油烟机，夏季温度会高达 30℃，空气湿度水平有时高于含湿量 16g/kg，这是难以接受的，尤其是在使用过程中。相反，冬天厨房的温度有时下降至 19℃。在冬季的含湿量也会降低。

公寓 B 中客厅和厨房合并成的大面积空间，也充当了送风温度的调节室，全年保持在舒适范围内（图 18）。这里的负荷（相对较小，因使用率较低）由空调和大房间的热容量补偿。即使内部负荷较高，使用排风式抽油烟机，结果也还可以。虽然某些情况下含湿量超过 14g/kg，相对湿度超过 70%。

高内部负荷下，即使用了循环式抽油烟机（图中未示出）仍导致类似的情况。然而，这里的冬季温度也可观地提高到 24℃。与使用排风式抽油烟机相比，夏季可以实现稍低的温度和湿度水平。后者的原因是温暖潮湿的室外空气负荷较低。

为了能够更好地量化不同类型操作的能源需求，必须考虑所有的情况，假设理想的采暖、制冷和除湿。结果示于图 16。

在北京气候中，不同的厨房热负荷状况只会导致年度能源需求在冬季和夏季之间平移；在三种负荷状况下，采暖、制冷和除湿需求的总和大致保持不变。在采暖为主的气候区如哈尔滨和乌鲁木齐，厨房较高的内部负荷可降低采暖需求。而在温暖的气候区如广州和琼海，则会增加对温湿调节的总需求。

在北京，排风式抽油烟机与循环式抽油烟机相比，增加了约 10 kWh/（m²a）的使用能源需求。这一结果与厨房的使用方式（轻、中、高负荷）关系不大。

也必须在此指出，在所有的情况下，只要有一扇连接客厅并且经常敞开的门，厨房的舒适条件就可以得到改善——在参考模型中的内门每天仅开放 5 小时。也可以假设，使用者无论使用哪一种抽油烟机，都会在不适、潮湿、油烟和气味中达到一个自己可以接受的平衡点。

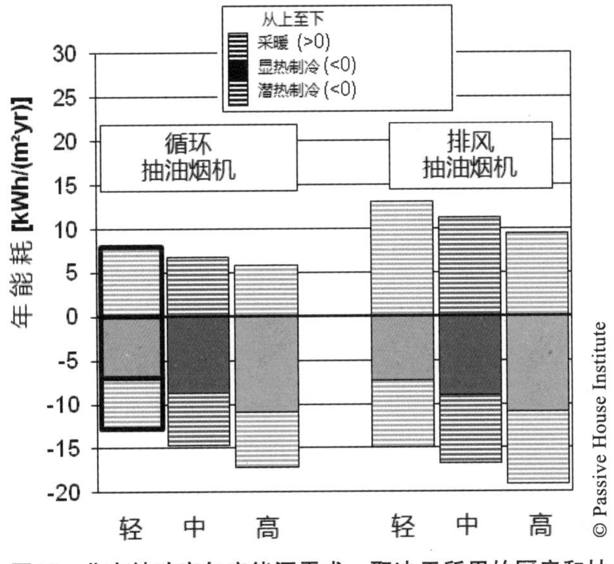

图16　北京被动房年度能源需求，取决于所用的厨房和抽油烟机类型

轻负荷，循环式抽油烟机

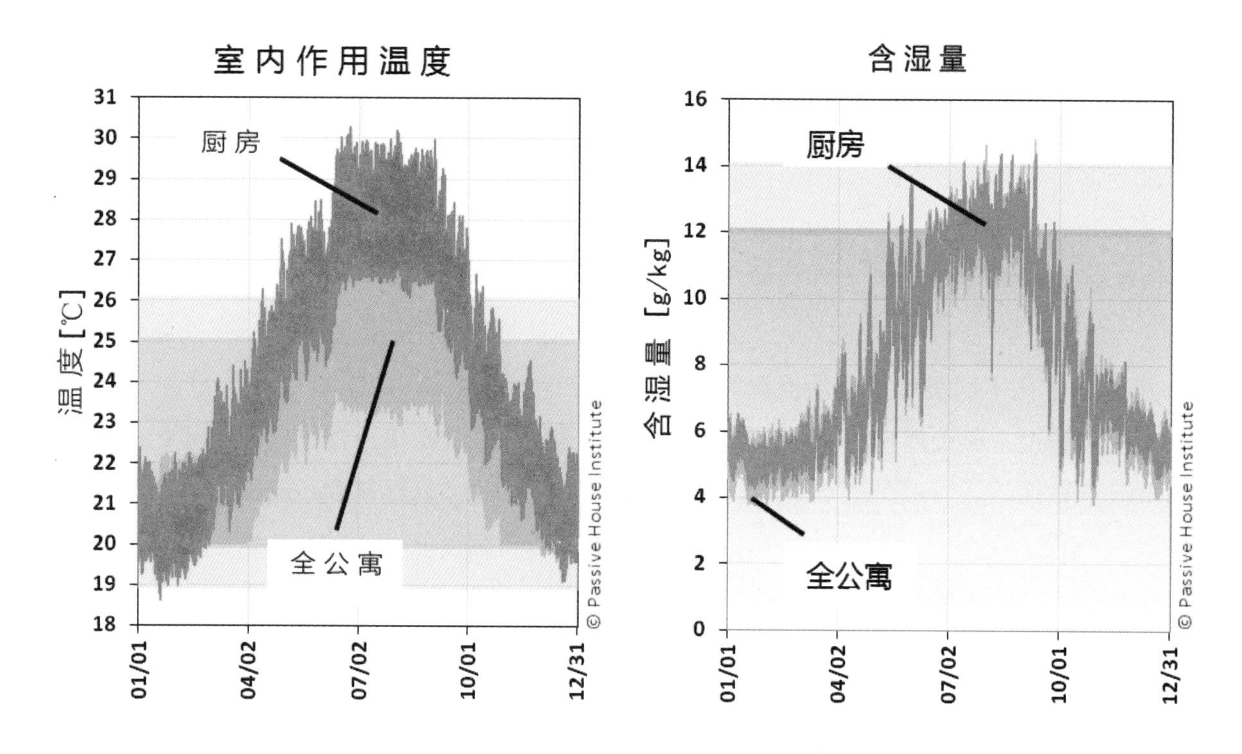

高负荷，排风式抽油烟机

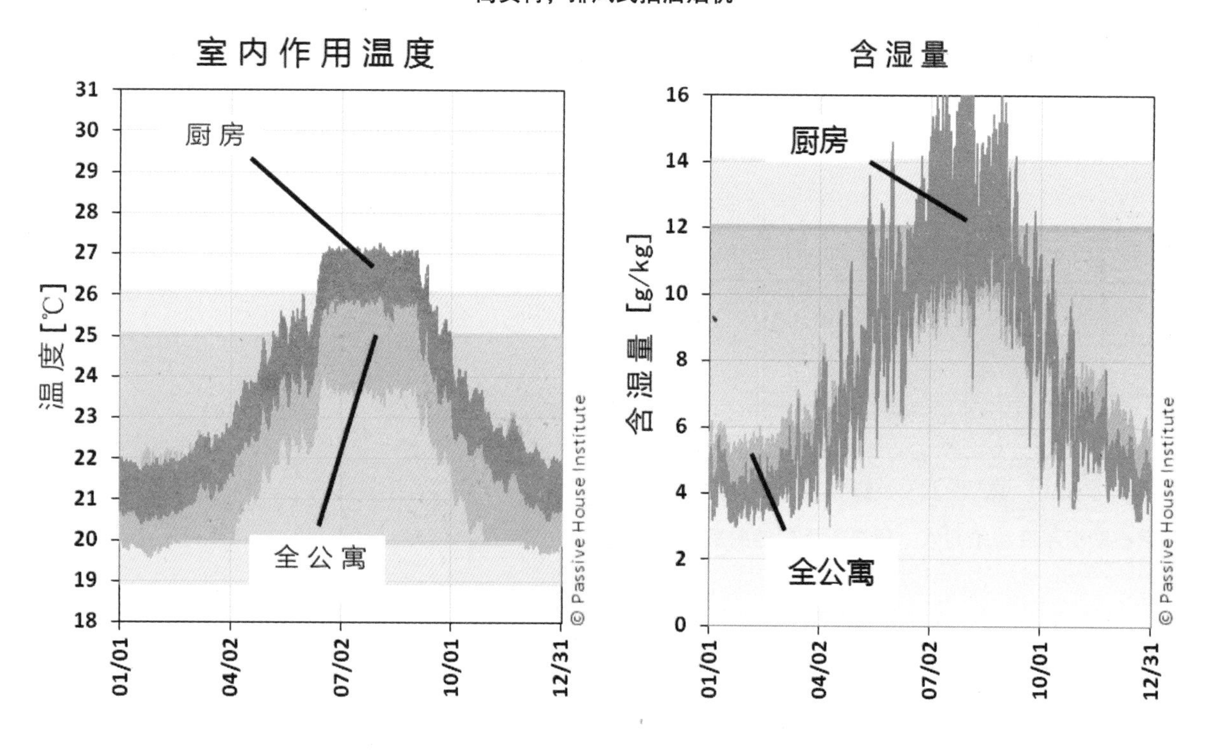

图17　温度与湿度，通过送风进行温湿调节，01北京公寓A

轻负荷，循环式抽油烟机

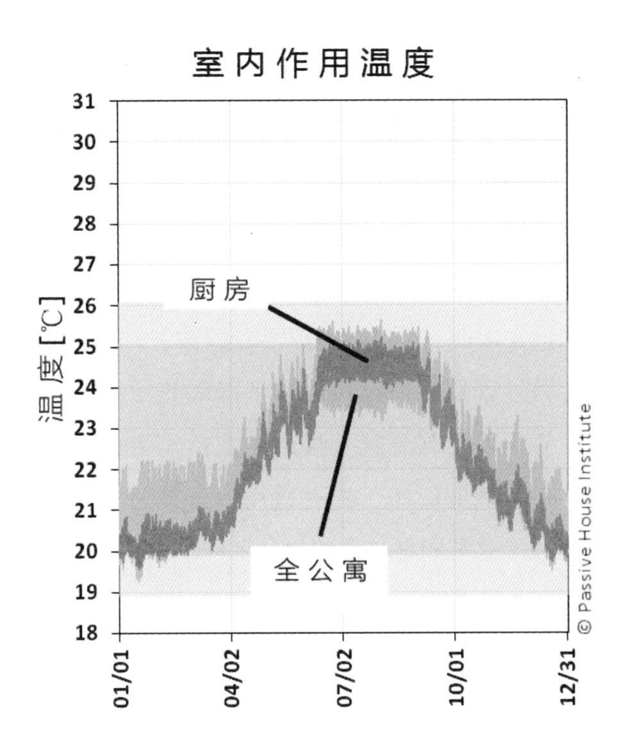

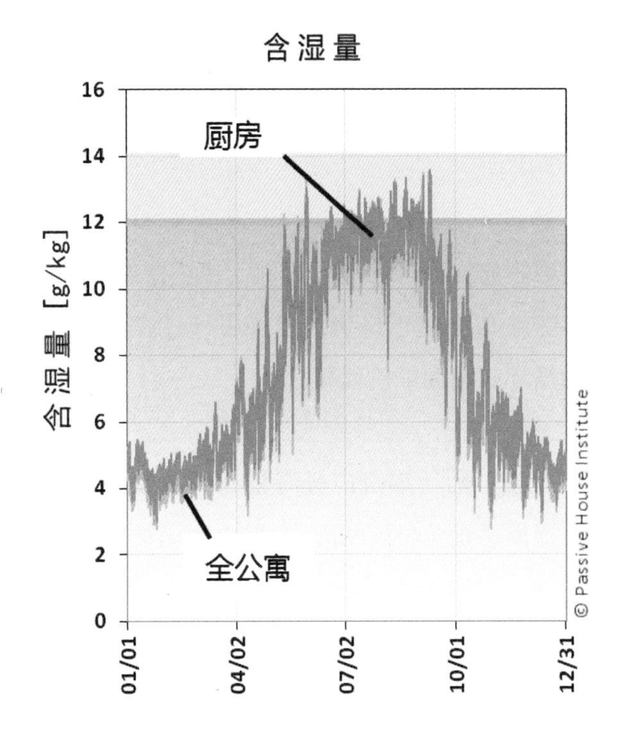

高负荷，排风式抽油烟机

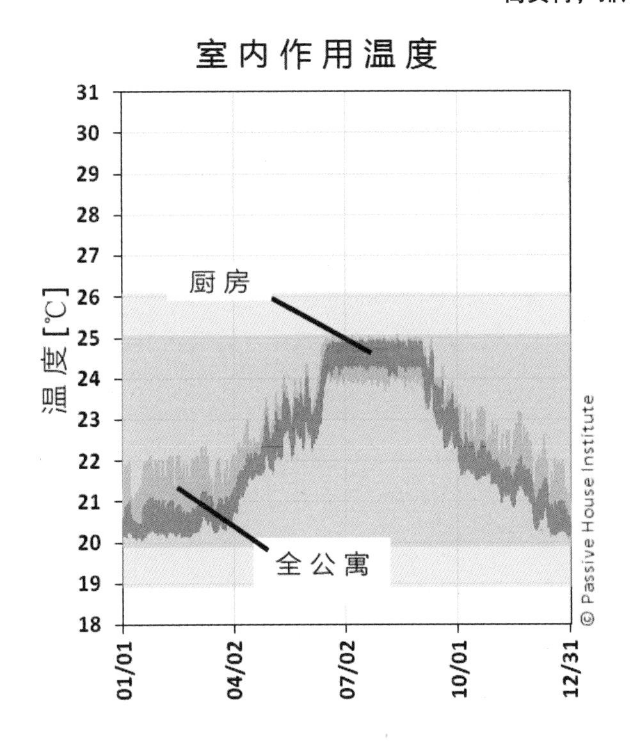

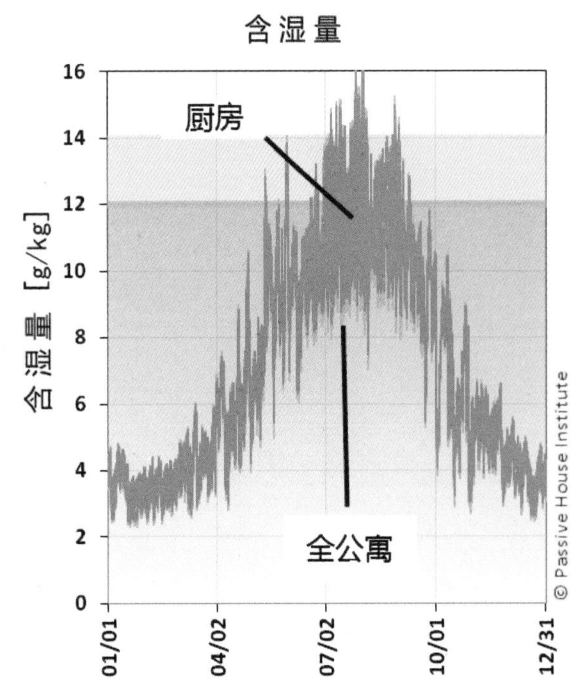

图18 温度与湿度，通过送风进行温湿调节，北京公寓B

6.5.5.2 建议

如以上所示，抽油烟机大大增加空调的能耗。此外，还有额外空气流入的潜在麻烦。技术改进理所当然。诱导通风式抽油烟机已用于工业厨房，它通过控制室外空气供应可减少排风量约 50%。也有带热回收的抽油烟机。然而，对于住宅建筑的厨房，这些方法似乎过于昂贵。建议用可过滤油脂和气味的循环式抽油烟机代替。

一般来说，抽油烟机应具有较高的能效。接近被动房通风系统（0.45Wh/m^3）的电力消耗是可接受的，使用过程中几百瓦功率消耗并不罕见。

建议选用高效的烹饪设备，以满足热舒适度和节能的需求。尤其是在夏季温暖及炎热的气候区。例如，自动电饭煲已经非常普遍，这要比用燃气炉煮饭产生的热量和湿度负荷少得多。燃气明火只有 50% 热量加热了锅具，其他热量流失而立即进入房间；使用电磁炉要有利得多。现在已经有电力炒菜锅。恒温控制，下部隔热的电炒锅很有优势，因为高温就直接产生在最需要的地方。中国现代商业厨房已经有适用炒菜锅的专用电磁炉灶台，这可能是一个好办法。

6.6 在研究地点01北京的参考被动房：寒冷气候区

6.6.1 气候特征

北京气候特征为冬季寒冷干燥，夏季炎热潮湿。冬季日平均室外温度下降到 –10℃。良好的热围护结构必不可少。夏天 6 月中旬至 8 月底温度持续较高，日平均气温约 28℃。在此期间，夜间环境温度很少低于 20℃，并且环境湿度通常比期望的室内含湿量 12 g/kg 要高。因此，靠夜间通风辅助（或取代）制冷系统行不通。要达到期望的良好室内舒适条件，主动式制冷空调不可避免。

6.6.2 参考被动房

研究地点 01 北京：参数	
外墙：U 值 典型保温层厚度	0.18W/（m^2K） 20cm
屋面：U 值 典型保温层厚度	0.17W/（m^2K） 20cm
底板：U 值 典型保温层厚度	0.34W/（m^2K） 10cm
屋面吸收系数	0.70
外墙吸收系数	0.60
窗框 U 值	0.80W/（m^2K）
玻璃 U 值 /g 值	0.70W/（m^2K） 0.50
活动遮阳	有
50Pa 压差下换气次数	$0.60h^{-1}$
热回收率	0.85
湿度回收率	0.60
夜间开窗通风	有 （换气次数 $n = 0.5h^{-1}$）
主动制冷	有
采暖	空气源热泵
制冷	空气源热泵
除湿	另加除湿机
家用热水	空气源热泵

研究地点 01 北京的参考被动房配置三层低辐射玻璃和良好的隔热窗框，主要保障冬季的热舒适性。紧凑的朝南建筑物，外墙需要 20 cm 保温层。气密性非常好，按一般被动房水平。能量（全热）回收通风系统除了其高效的热回收率，还可提高冬季湿度水平，并降低夏季除湿负荷。

01 北京	
纬度	39.8°
经度	116.5°
海拔	31 m

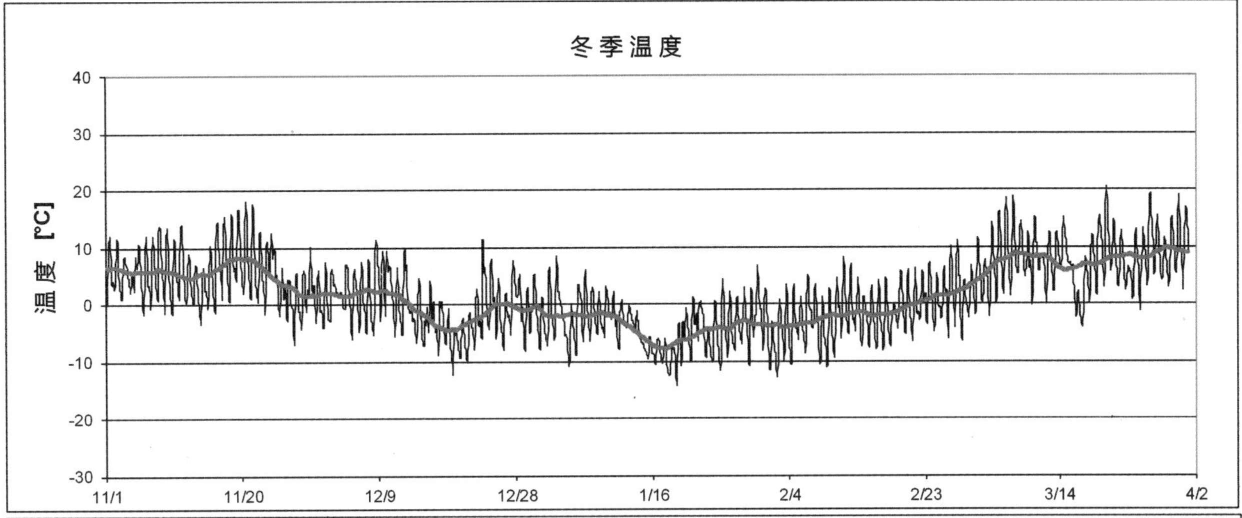

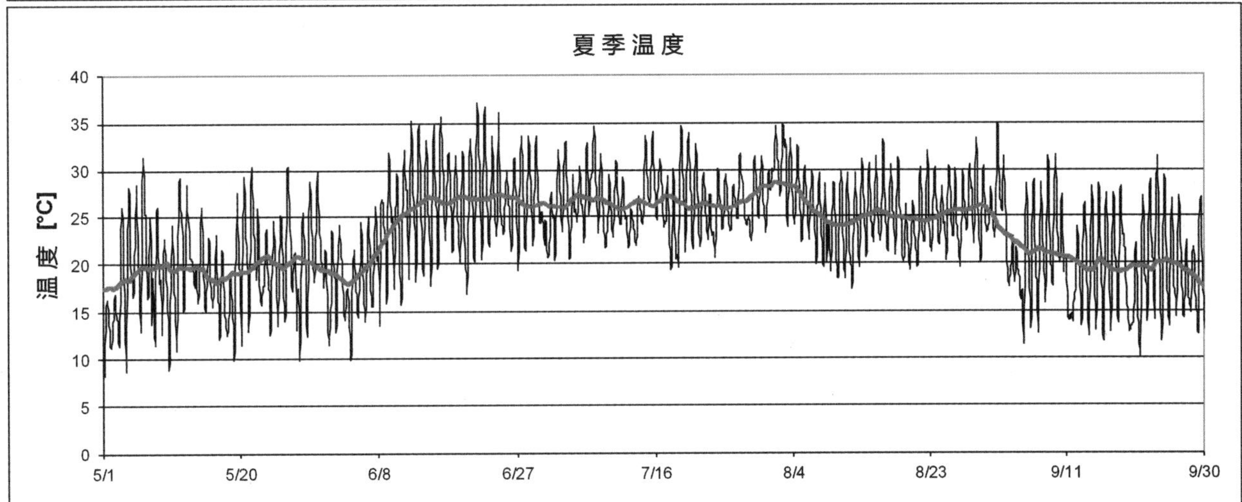

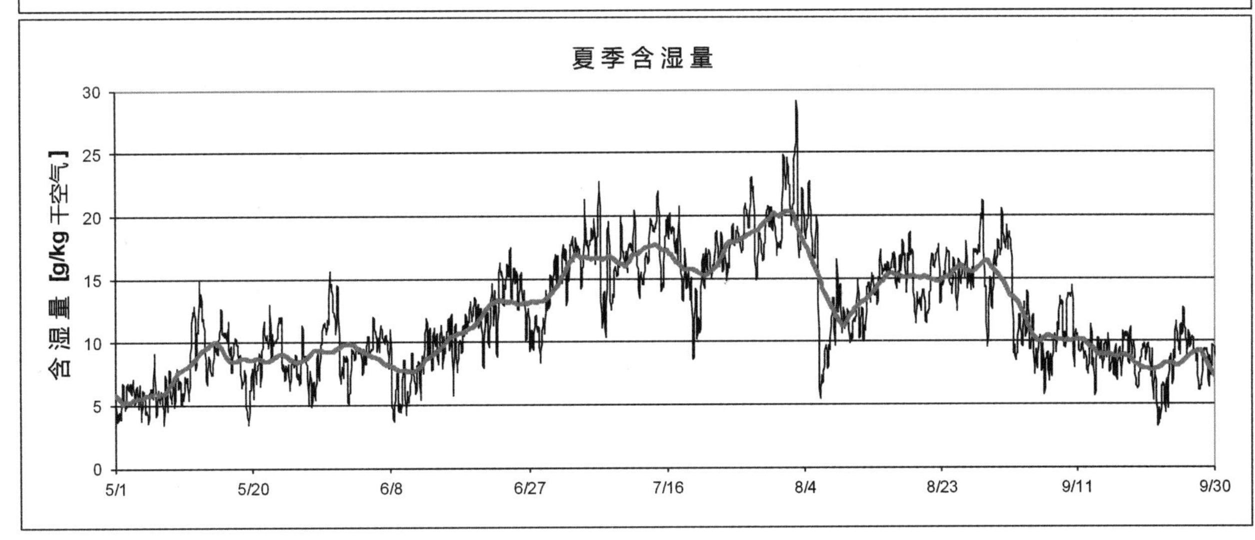

© Passivhaus Institut

图19 研究地点01北京的气候特征，粉红线代表一周的浮动平均值

6.6.3 结果

研究地点 01 北京	被动房	标准新建筑
使用采暖需求（20℃）[kWh/（m^2a）]	8.0	86.7
使用制冷需求（25℃）[kWh/（m^2a）]	7.0	11.5
使用除湿需求（12g/kg）[kWh/（m^2a）]	5.7	14.6
24 小时平均采暖负荷 [W/m^2]	7.6	38.2
24 小时平均制冷负荷 [W/m^2]	5.4	12.8
24 小时平均除湿负荷 [W/m^2]	7.1	21.6
最低月平均相对湿度 [%]	31%	16%
温度高于 25℃的超温频率 [占一年中的 %]	0%	0%
含湿量高于 12g/kg 的超湿频率 [占一年中的 %]	0%	0%
采暖、制冷、除湿总能源需求 [kWh/（m^2a）]	20.9	102.0
可再生一次能源（PER）总需求 [kWh/（m^2a）]	55.7	197.0

上表中显示的使用能源需求、峰值负荷、湿度和超温频率，均由动态模拟计算得出；提供的能量和 PER（Primary Energy Renewable, 可再生一次能源）由 PHPP 计算得出。PER 指可再生一次能源，即要完全满足建筑物内所有能源设备运行所需要提供的可再生能源总量，包括生活热水、照明、应用装置和其他家庭用电。PER 代表着一种未来全部由可再生能源供给能量的方案。标准新建筑的性能符合当前中国建筑规范要求。

在表中可以看到，该建筑物符合被动房要求：每日平均的采暖和制冷负荷明显低于 10 W/m^2。值得注意的是制冷加除湿的能耗超过采暖。

表中标准新建筑是综合考虑现行新建住宅建筑设计标准 [JGJ26] 和 [DB11/891] 计算得出的。由此可以看出，被动房需要比按现行标准新建造的常规建筑采暖少 80% 以上。制冷和除湿的节约也显然可见，虽然不常被强调。

在本例中，显热的制冷负荷较低，通过对送风（图 20）加热和制冷，即使不加循环风也是可能的。在冬季，需加额外的热源以保持浴室舒适温暖。厨房温度比其他房间高 1.5 K，因为较高的内部热负荷。

在夏季，采用送风制冷差不多可以同时满足除湿要求，只会偶尔超过 12 g/kg 含湿量的上限。

另一种替代选择，可以使用小型分体机的除湿模式（图 21）。这里假设内部的房间门 60% 时间保持敞开。

研究地点 01 北京冬季非常干燥。因此在冬季，特别在卧室，湿度处于舒适范围的下限。一般标准建筑由于渗透率较高，且没有能量回收通风系统（全热交换新风系统），情况糟得多。

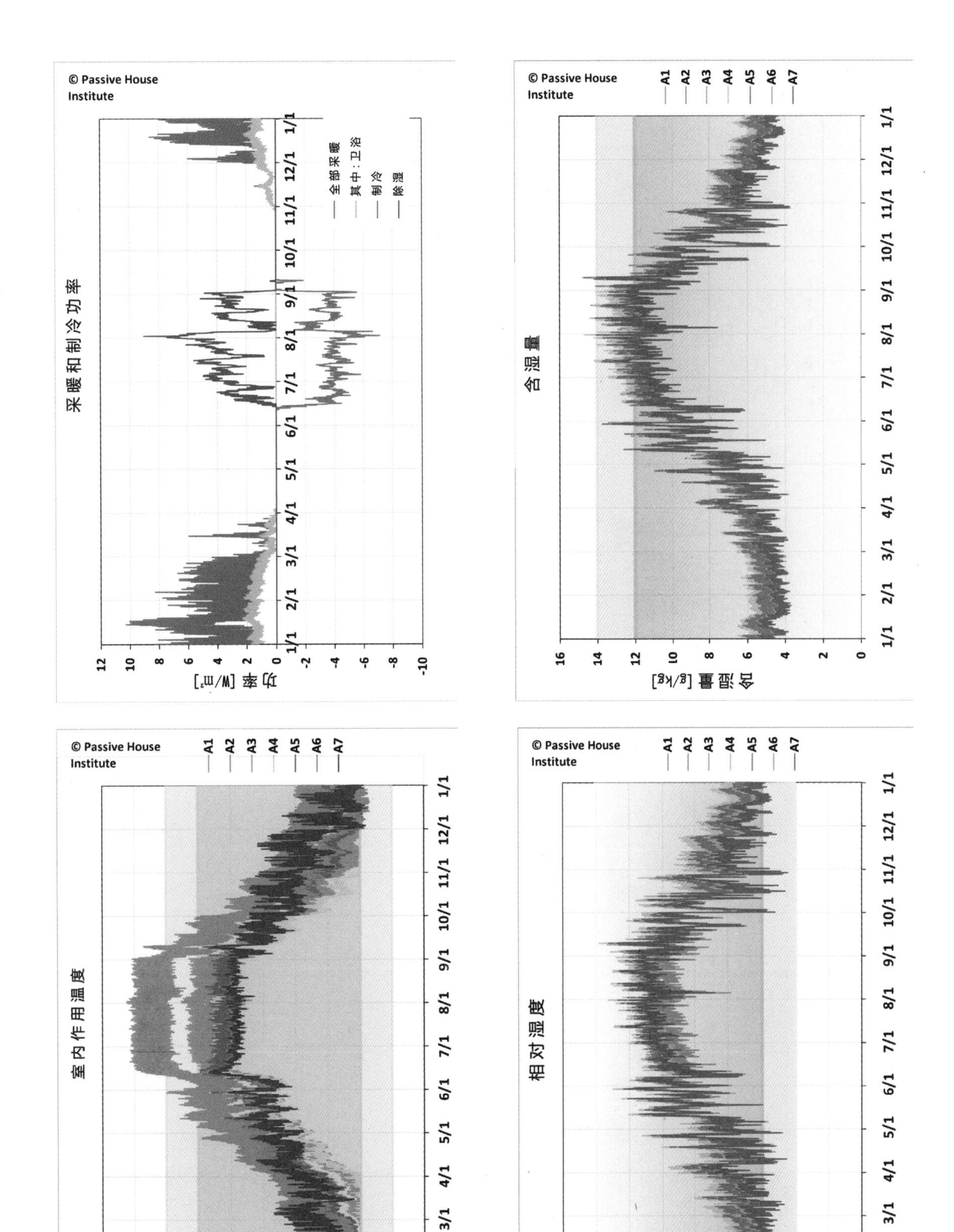

图20　温度、温湿调节功率、湿度，只通过送风进行温湿调节（01北京，公寓A）

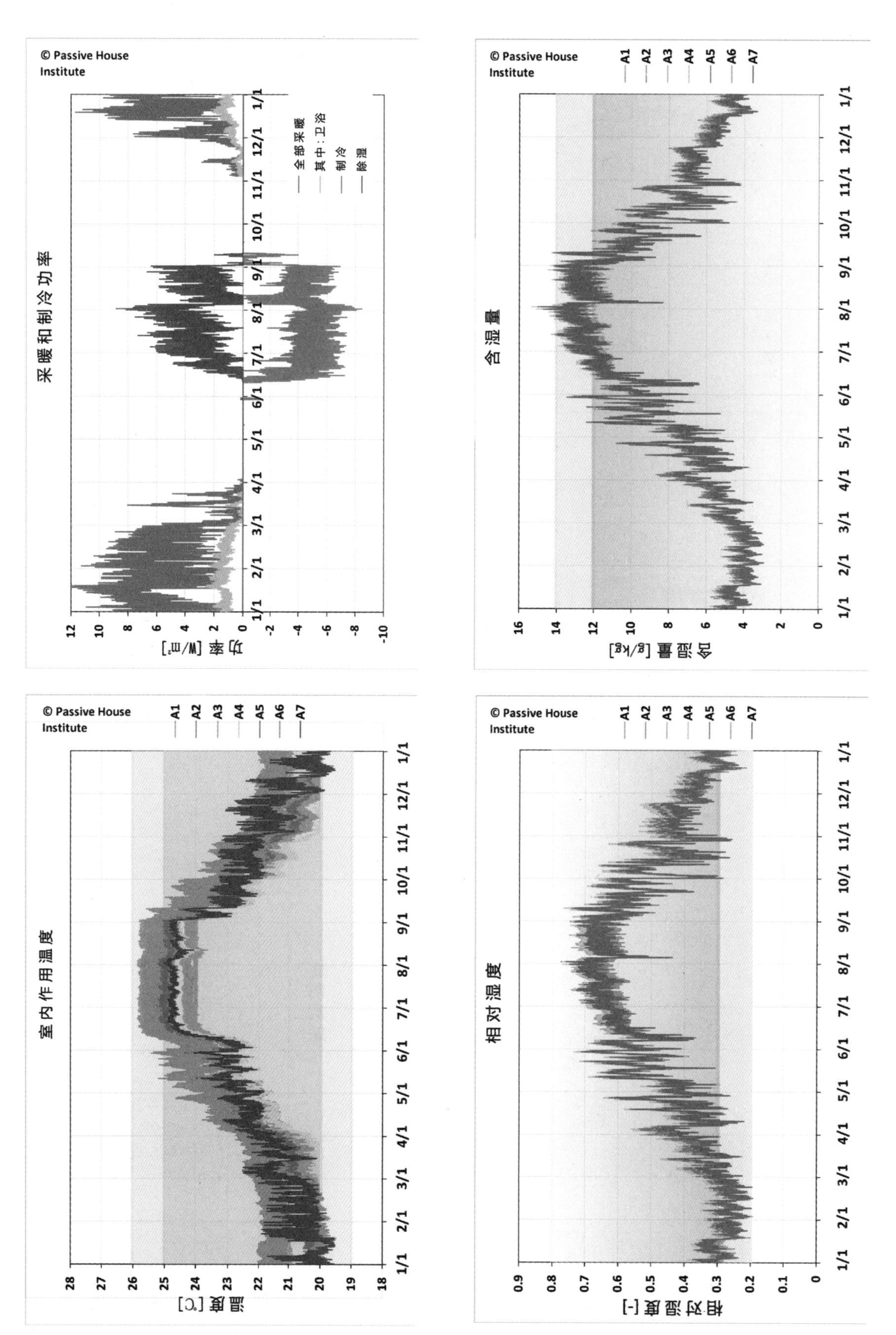

图21　温度、温湿调节功率、湿度，通过中央起居室分体机（除湿模式）调节（研究地点01北京，公寓A，内部房间门通常敞开）

6.7 在研究地点02上海的参考被动房：夏热冬冷气候区

6.7.1 气候特征

上海的冬天与北京相比温和得多。但有时跌破0℃，因此采暖仍很重要。但主要的挑战是温暖潮湿的夏季。夜间室外温度通常保持在25℃以上，持续几个星期。同时室外含湿量经常在20g/kg上下。由于这双重组合，要达到理想的室内舒适度主动式制冷空调必不可少。

6.7.2 参考被动房

研究地点 02 上海：参数	
外墙：U 值 典型保温层厚度	0.24W/（m^2K） 15cm
屋面：U 值 典型保温层厚度	0.17W/（m^2K） 20cm
底板：U 值 典型保温层厚度	0.52W/（m^2K） 6cm
屋面吸收系数	0.25
外墙吸收系数	0.25
窗框 U 值	0.80W/（m^2K）
玻璃 U 值 /g 值	0.70W/（m^2K） 0.25
活动遮阳	无
50 Pa 压差下换气次数	$0.60h^{-1}$
热回收率	0.75
湿度回收率	0.65
夜间开窗通风	无
主动制冷	有
采暖	空气源热泵
制冷	空气源热泵
除湿	另加除湿机
家用热水	空气源热泵 +太阳能热水器

上海的被动房需要兼顾冬季和夏季的条件。15～20 cm 保温层在这两种情况下都有帮助。采用三层遮阳型玻璃和高红外反射率隔热涂料，夏天无需昂贵的活动遮阳也能解决。另一种方式是以无色双层玻璃配活动遮阳。能量回收通风系统（全热交换新风系统）降低了湿负荷。

冬天热损失小，朝南的紧凑建筑就能满足被动房的要求。

02 上海	
纬度	31.4°
经度	121.4°
海拔	6 m

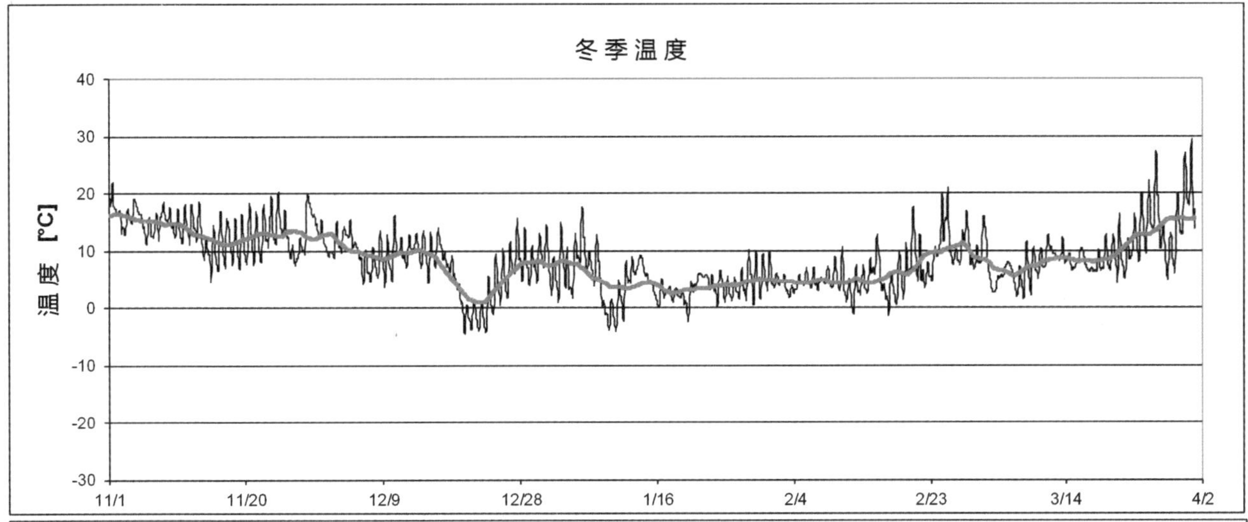

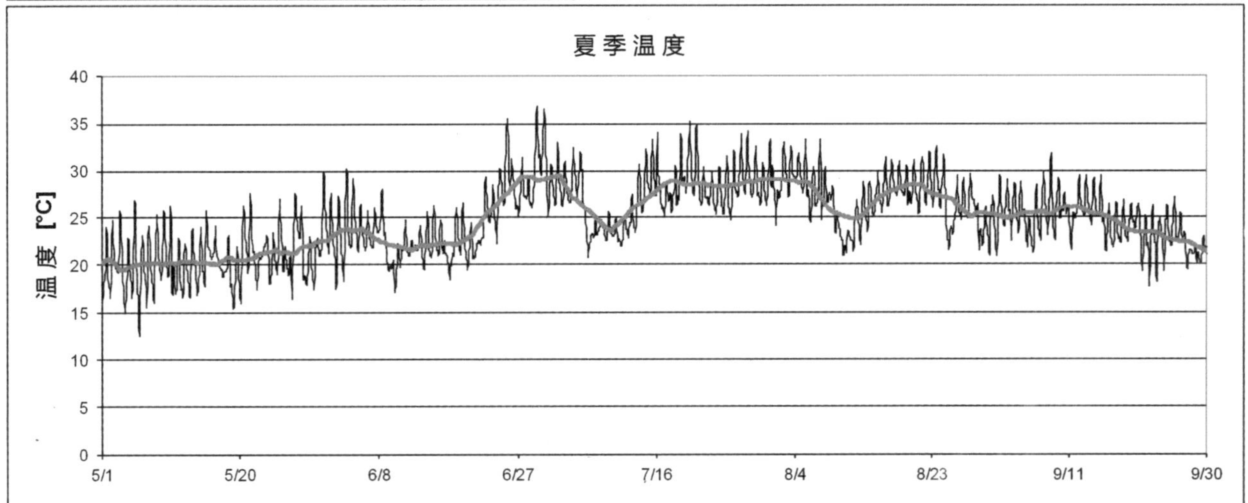

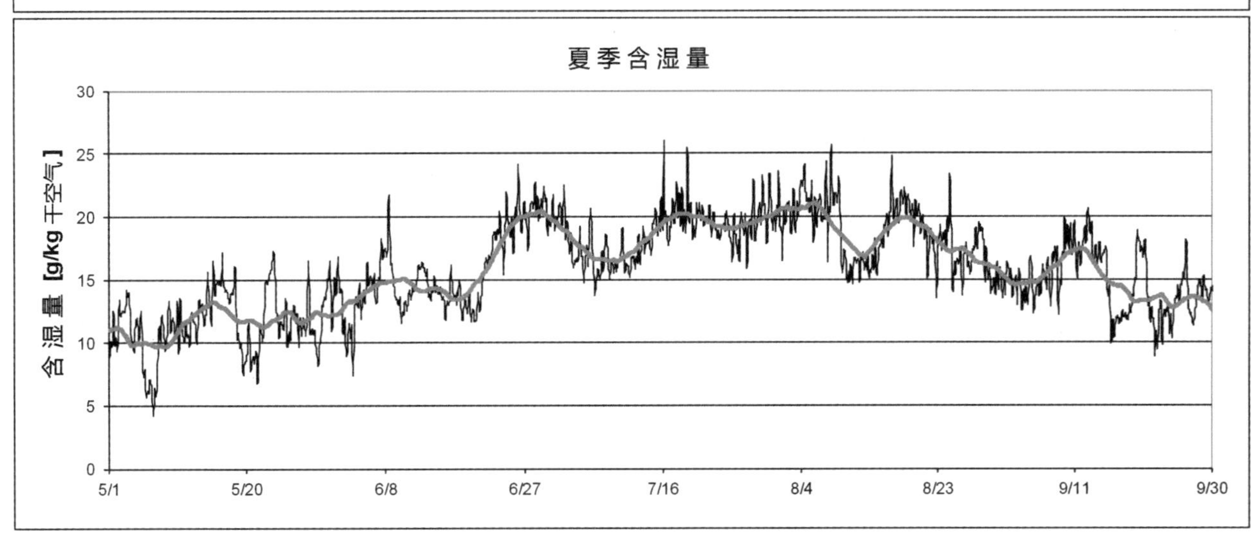

© Passivhaus Institut

图22　研究地点02上海的气候特征，粉红线代表一周的浮动平均值

6.7.3 结果

研究地点 02 上海	被动房	标准新建筑
使用采暖需求（20℃）[kWh/（m^2a）]	10.1	71.6
使用制冷需求（25℃）[kWh/（m^2a）]	9.2	13.9
使用除湿需求（12 g/kg）[kWh/（m^2a）]	12.2	33.1
24 小时平均采暖负荷 [W/m^2]	6.5	34.5
24 小时平均制冷负荷 [W/m^2]	5.5	14.7
24 小时平均除湿负荷 [W/m^2]	6.3	20.5
最低月平均相对湿度 [%]	52%	35%
温度高于 25℃的超温频率 [占一年中的 %]	0%	0%
含湿量高于 12 g/kg 的超湿频率 [占一年中的 %]	0%	0%
采暖、制冷、除湿总能源需求 [kWh/（m^2a）]	19.8	94.4
可再生一次能源（PER）总需求 [kWh/（m^2a）]	55.4	181.2

上表中显示的使用能源需求、峰值负荷、湿度和超温频率，均由动态模拟计算得出；提供的能量和 PER（Primary Energy Renewable, 可再生一次能源）由 PHPP 计算得出。PER 指可再生一次能源，即要完全满足建筑物内所有能源设备运行所需要提供的可再生能源总量，包括生活热水、照明、应用装置和其他家庭用电。PER 代表着一种未来全部由可再生能源供给能量的方案。标准新建筑的性能符合当前中国建筑规范要求。

从表中可以看出，该建筑物符合被动房要求：每日平均的采暖和制冷负荷明显低于 10W/m^2。除湿需求超过显热制冷需求，表示必须外加除湿设备。

表中标准新建筑是综合考虑现行新建住宅建筑设计标准 [JGJ134] 和 [DGJ08-205] 计算得出的。由此可以看出，被动房需要比按现行标准新建造的常规建筑采暖少 80% 以上。制冷和除湿的节约也显然可见，虽然不常被重视。

通过对送风（图 23）加热和制冷，不加循环风；或使用中央小型分体机（图 24），都是可行的。在冬季，需加额外的热源以保持浴室舒适温暖。厨房比其他房间高 1.5K，因为内部热负荷较高。

在夏季，用对送风制冷来除湿，或用小型分体机的除湿模式，都不能满足除湿要求。有几个月含湿量会超过 12g/kg 上限，高达 16g/kg。必须采取额外除湿手段。

冬季相对湿度在 40% ~ 60% 之间，相对较高。这是由能降低除湿需求的能量回收通风系统（全热交换新风系统）造成的，但这还是很好地在舒适度范围内。

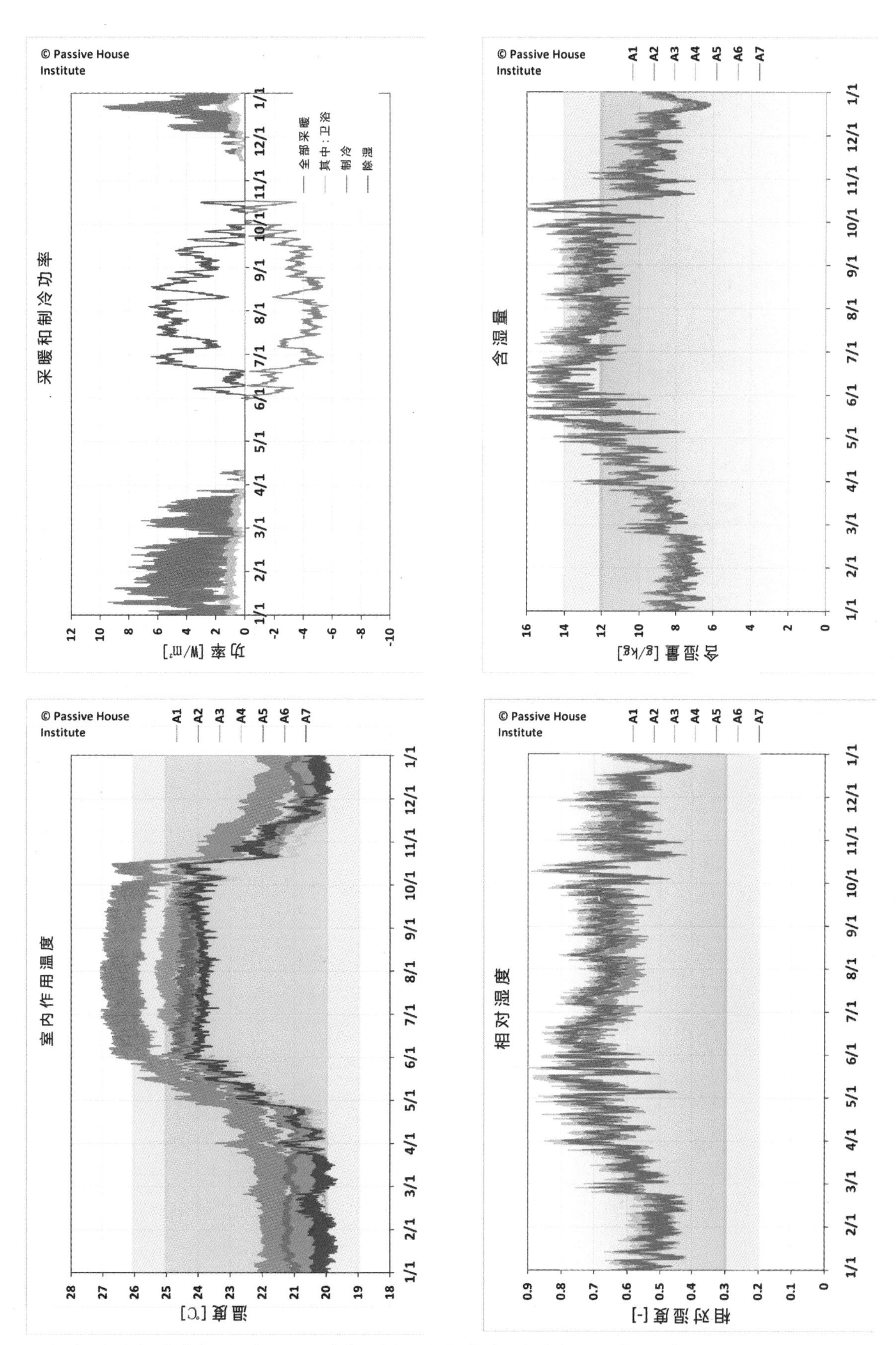

图 23　温度、温湿调节功率、湿度，只通过送风进行温湿调节（研究地点02 上海，公寓A）

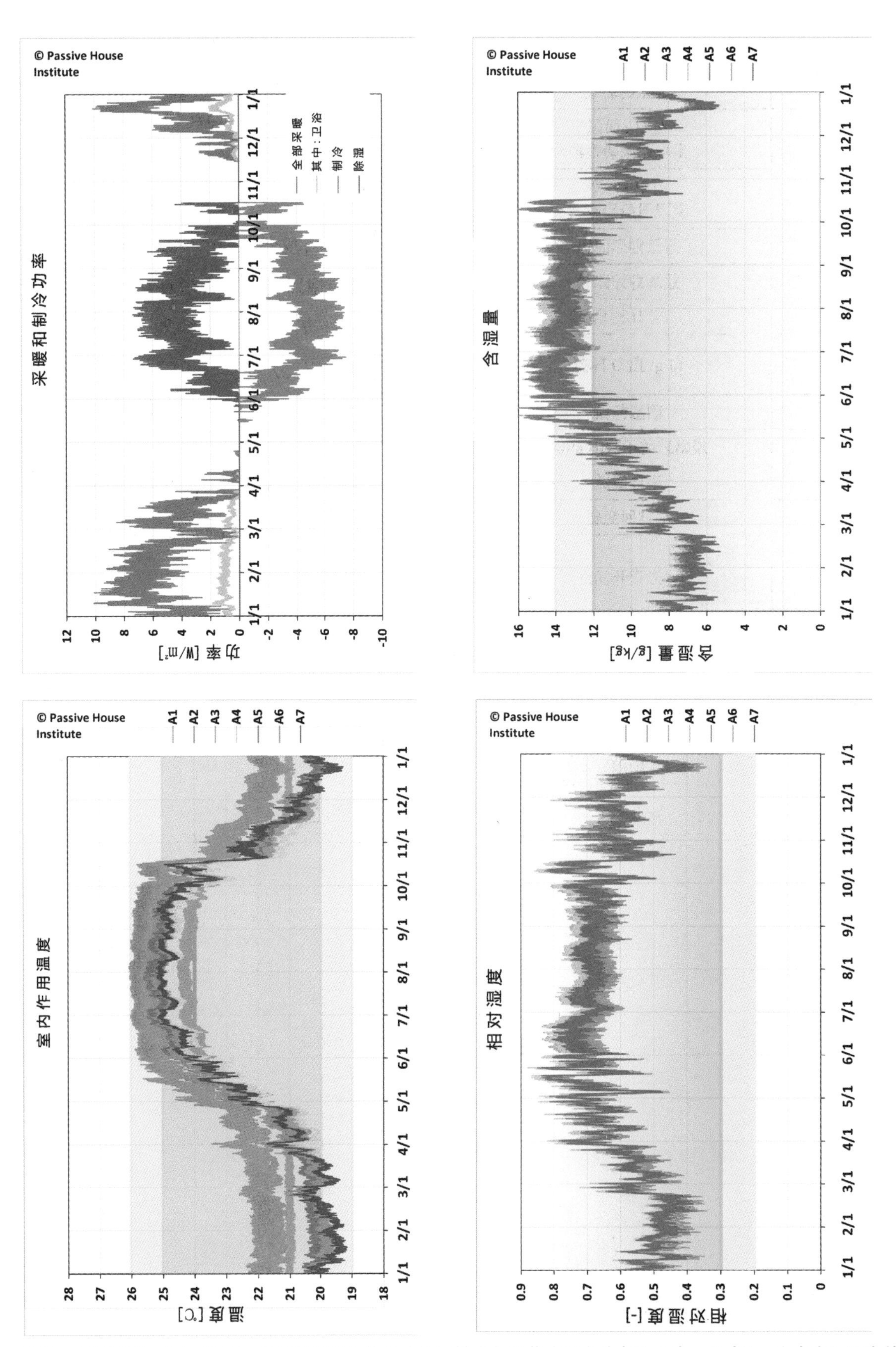

图24 温度、温湿调节功率、湿度，通过起居室分体机（除湿模式）调节（研究地点02上海，公寓A，室内房门通常敞开 ）

6.8 在研究地点03成都的参考被动房：夏热冬冷气候区

6.8.1 气候特征

成都的冬天与上海非常相似，有些日子跌破 0℃，因此供暖仍是重要的。夏天比上海凉爽几度，也比较不潮湿，但主动制冷除湿仍然需要。由于温度湿度水平高，不宜夏季夜间通风。

6.8.2 参考被动房

研究地点 03 成都：参数	
外墙：U 值 典型保温层厚度	0.34W/（m^2K） 10cm
屋面：U 值 典型保温层厚度	0.17W/（m^2K） 20cm
底板：U 值 典型保温层厚度	0.34W/（m^2K） 10cm
屋面吸收系数	0.70
外墙吸收系数	0.60
窗框 U 值	1.60W/（m^2K）
玻璃 U 值 /g 值	1.19W/（m^2K） 0.31
活动遮阳	无
50 Pa 压差下换气次数	$0.60h^{-1}$
热回收率	0.75
湿度回收率	0.65
夜间开窗通风	无
主动制冷	有
采暖	空气源热泵
制冷	空气源热泵
除湿	另加除湿机
家用热水	空气源热泵 + 太阳能热水器

成都的被动房需要兼顾冬季和夏季的条件。15 ~ 20cm 保温层在这两种情况下都有帮助。使用双层遮阳型低辐射玻璃可以满足被动房要求。能量回收（全热交换）通风降低了夏季新风湿负荷。

03 成都

纬度	30.7°
经度	104.0°
海拔	506 m

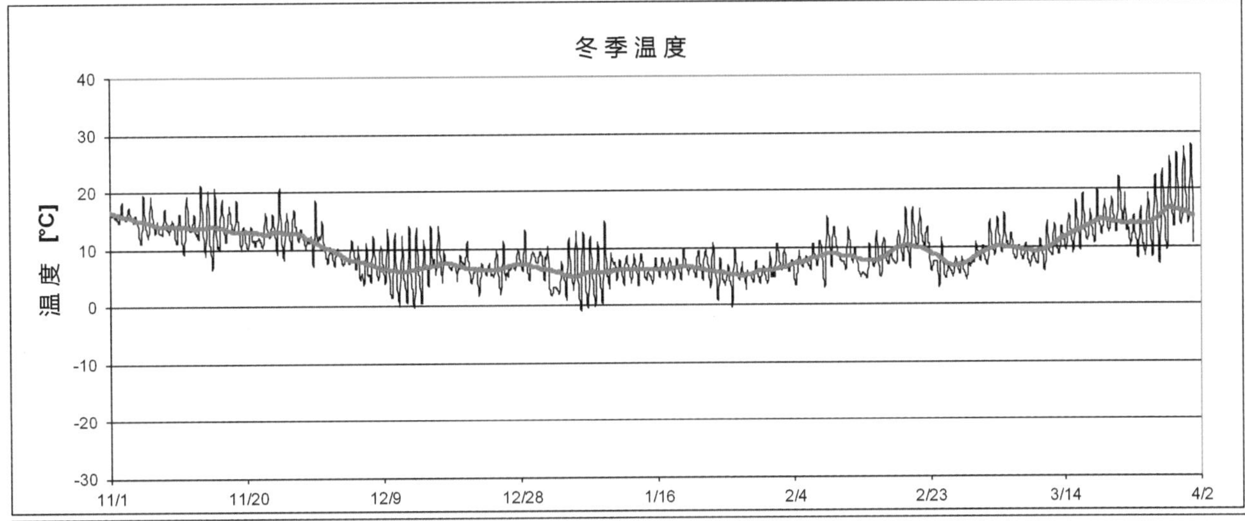

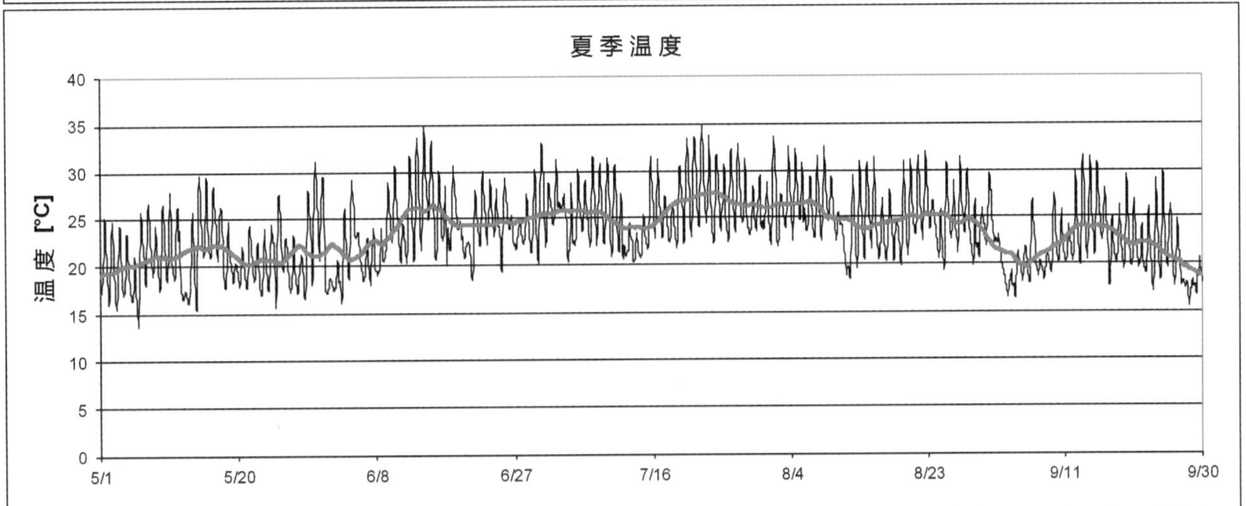

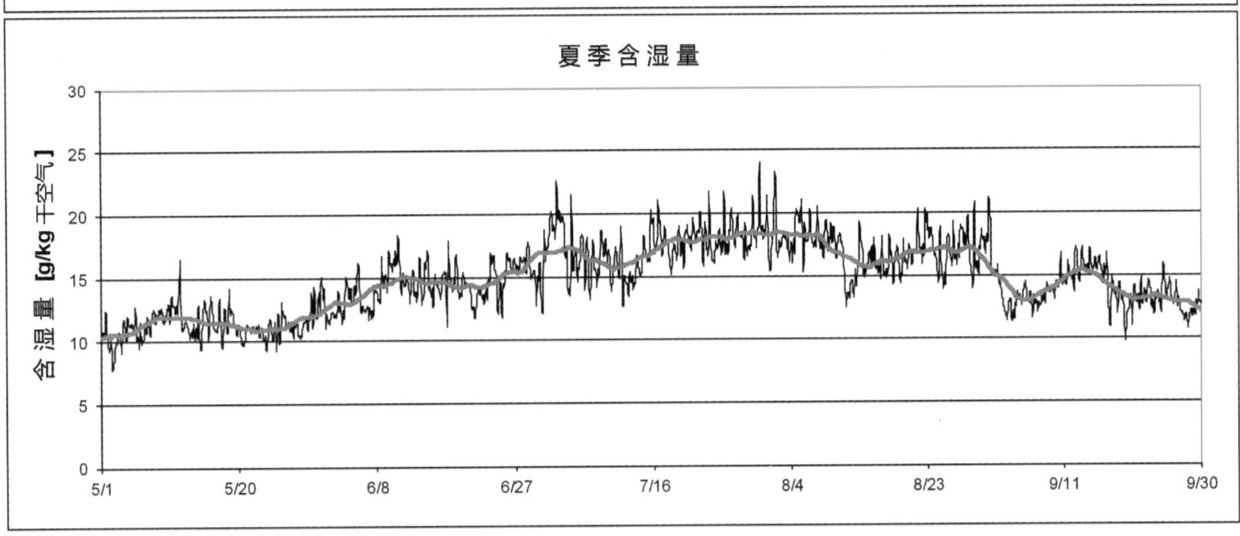

© Passivhaus Institut

图 25 成都的气候特征。粉红线代表一周的浮动平均值

6.8.3 结果

研究地点 03 成都	被动房	标准新建筑
使用采暖需求（20℃）[kWh/（m^2a）]	14.9	69.3
使用制冷需求（25℃）[kWh/（m^2a）]	7.2	6.1
使用除湿需求（12g/kg）[kWh/（m^2a）]	10.2	24.7
24 小时平均采暖负荷 [W/m^2]	7.6	29.4
24 小时平均制冷负荷 [W/m^2]	5.5	9.5
24 小时平均除湿负荷 [W/m^2]	5.1	15.4
最低月平均相对湿度 [%]	56%	38%
温度高于 25℃的超温频率 [占一年中的 %]	0%	0%
含湿量高于 12g/kg 的超湿频率 [占一年中的 %]	0%	0%
采暖、制冷、除湿总能源需求 [kWh/（m^2a）]	19.3	80.3
可再生一次能源（PER）总需求 [kWh/（m^2a）]	53.5	159.3

上表中显示的使用能源需求、峰值负荷、湿度和超温频率，均由动态模拟计算得出；提供的能量和 PER（Primary Energy Renewable，可再生一次能源）由 PHPP 计算得出。PER 指可再生一次能源，即要完全满足建筑物内所有能源设备运行所需要提供的可再生能源总量，包括生活热水、照明、应用装置和其他家庭用电。PER 代表着一种未来全部由可再生能源供给能量的方案。标准新建筑的性能符合当前中国建筑规范要求。

表中可以看出，该建筑物符合被动房要求：每日平均的采暖和制冷负荷明显低于 10W/m^2。除湿需求超过显热制冷需求，表示必须外加除湿设备。

表中标准新建筑是综合考虑现行新建住宅建筑设计标准 [JGJ134] 和 [DB51/5027] 计算得出的。由此可以看出，被动房比按现行标准建造的常规建筑采暖需求少 80% 以上。除湿需求有所降低，制冷需求基本不变。

通过对送风（图 26）加热和降温，不加回风；或使用中央小型分体机（图 27），都是可行的。在冬季，需加额外的热源以保持浴室舒适温暖。厨房比其他房间高 1.5K，因为内部热负荷较高。

在夏季，用对送风制冷来除湿，或用小型分体机的除湿模式，都不能满足除湿要求。有几个月里含湿量会超过 12g/kg 上限，高达 16g/kg。必须采取额外除湿手段。

冬季相对湿度通常高于 50%，相对较高。这是由能降低除湿需求的能量回收通风系统（全热交换新风系统）造成的，但这还是安全地控制在舒适度范围内。

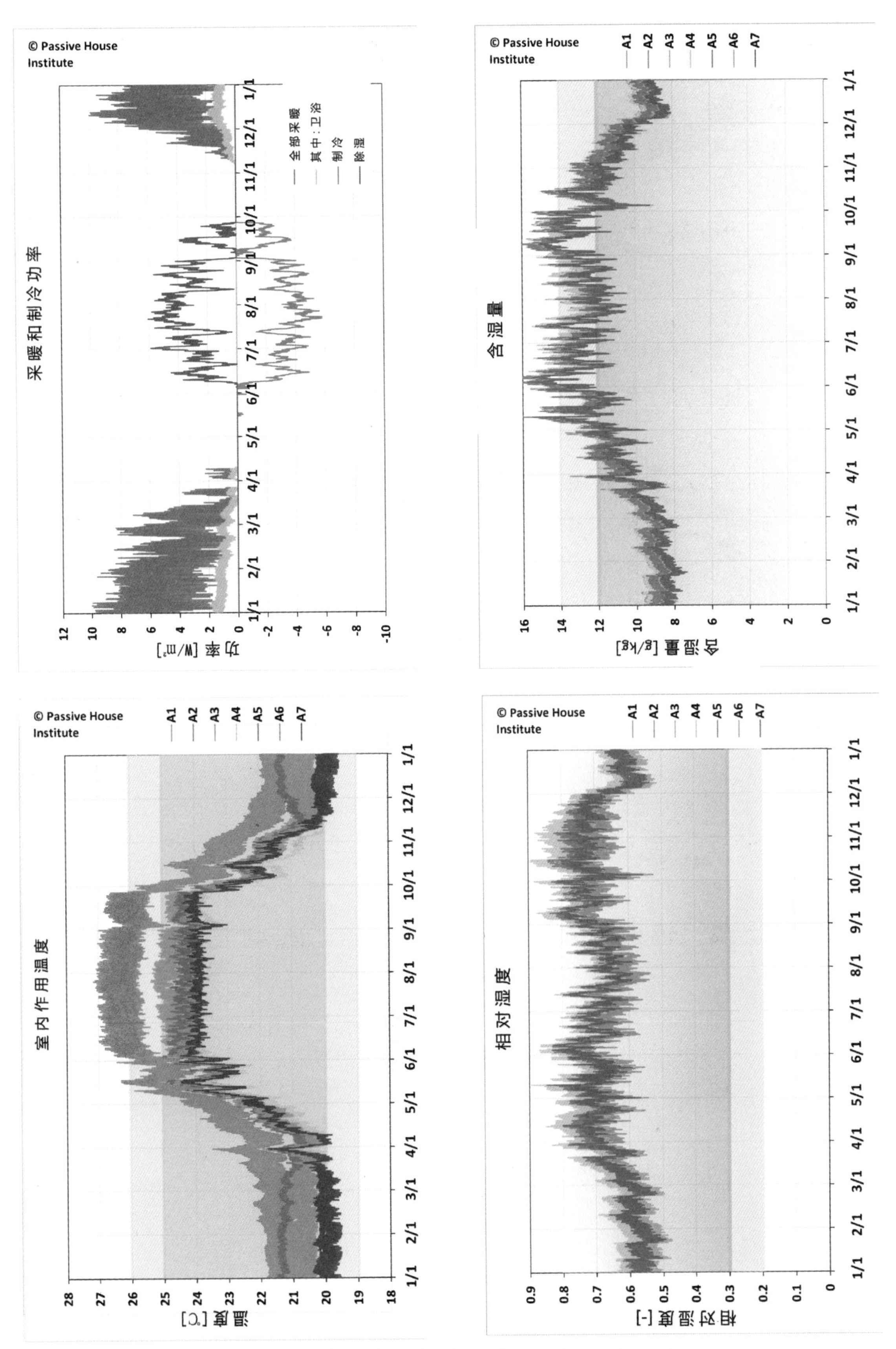

图26 温度、温湿调节功率、湿度，只通过送风进行温湿调节（研究地点03 成都，公寓A）

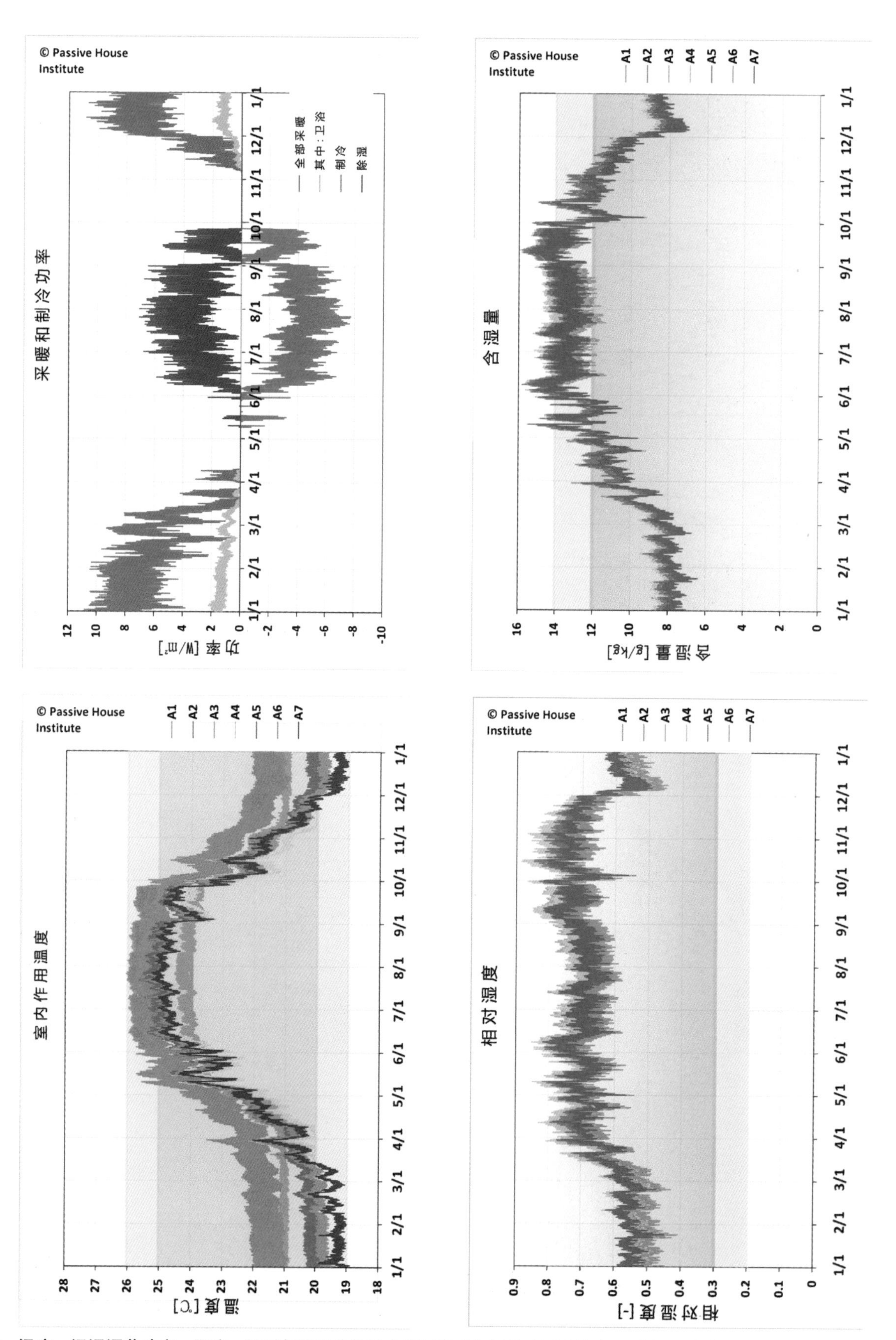

图27 温度、温湿调节功率、湿度，通过起居室分体机（除湿模式）调节（研究地点03成都，公寓A，内部房间门通常敞开）

6.9 在研究地点04昆明的参考被动房：温和气候区

6.9.1 气候特征

昆明海拔近2000m，靠近北回归线，冬夏都非常温和。在这“春城”，冬季气温10℃左右，夏季20℃左右。太阳辐射高，特别是在冬季，有利于获取热能。在这样的气候下建造被动式房屋非常容易。不需主动制冷，夏季充分通风就可以将温度保持在舒适区间。

夏季环境湿度上升到略高于舒适度上限，但即使不加额外的除湿，室内湿度仍可接受。

6.9.2 参考被动房

研究地点 04 昆明：参数	
外墙：U 值 典型保温层厚度	0.42W/（m^2K） 8cm
屋面：U 值 典型保温层厚度	0.22W/（m^2K） 15cm
底板：U 值 典型保温层厚度	2.27W/（m^2K） 0cm
屋面吸收系数	0.70
外墙吸收系数	0.60
窗框 U 值	0.80W/（m^2K）
玻璃 U 值 /g 值	0.70W/（m^2K） 0.50
活动遮阳	无
50 Pa 压差下换气次数	$0.60h^{-1}$
热回收率	0.75
湿度回收率	0
夜间开窗通风	有 （换气次数 $n = 0.5h^{-1}$）
主动制冷	有
采暖	空气源热泵
制冷	无
除湿	无另加除湿机
家用热水	空气源热泵 +太阳能热水器

选择了三层玻璃和相应的隔热窗框以限制采暖负荷峰值。热回收通风系统可以用来在公寓内分配热量。在这些先决条件下，外墙用中等厚度8cm的保温层就足够了。

底板不需隔热，因为地面温度高。活动遮阳也不需要。提供一定通风量就足够了。

04 昆明	
纬度	25.0°
经度	102.7°
海拔	1892 m

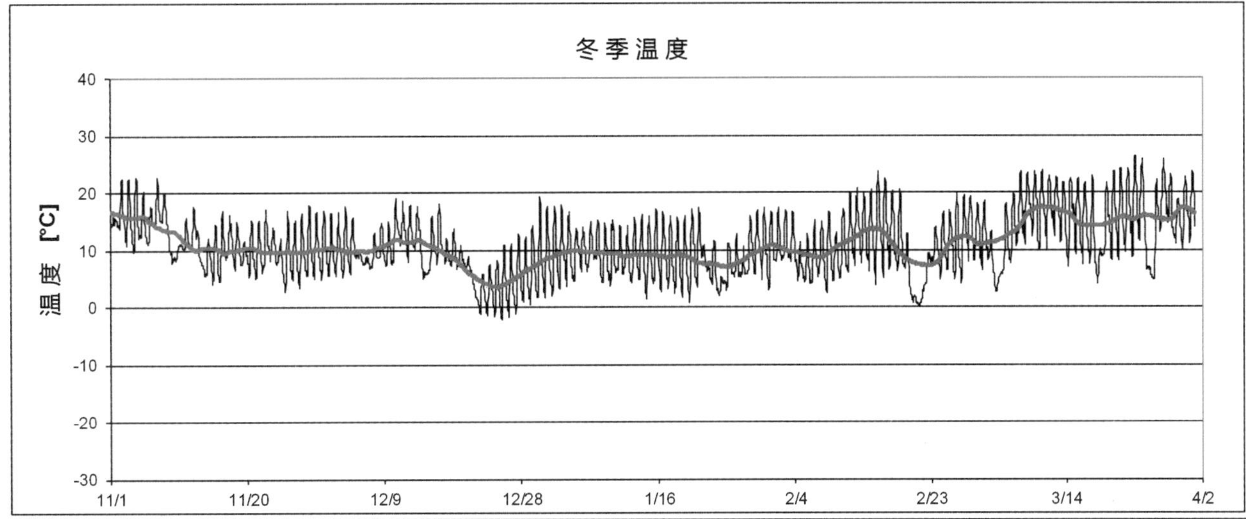

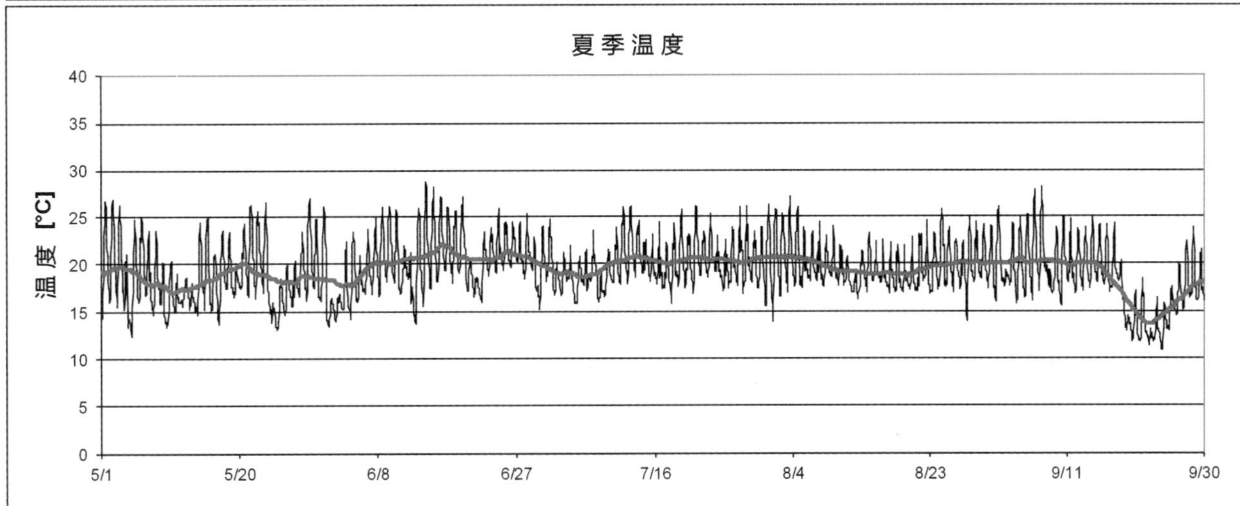

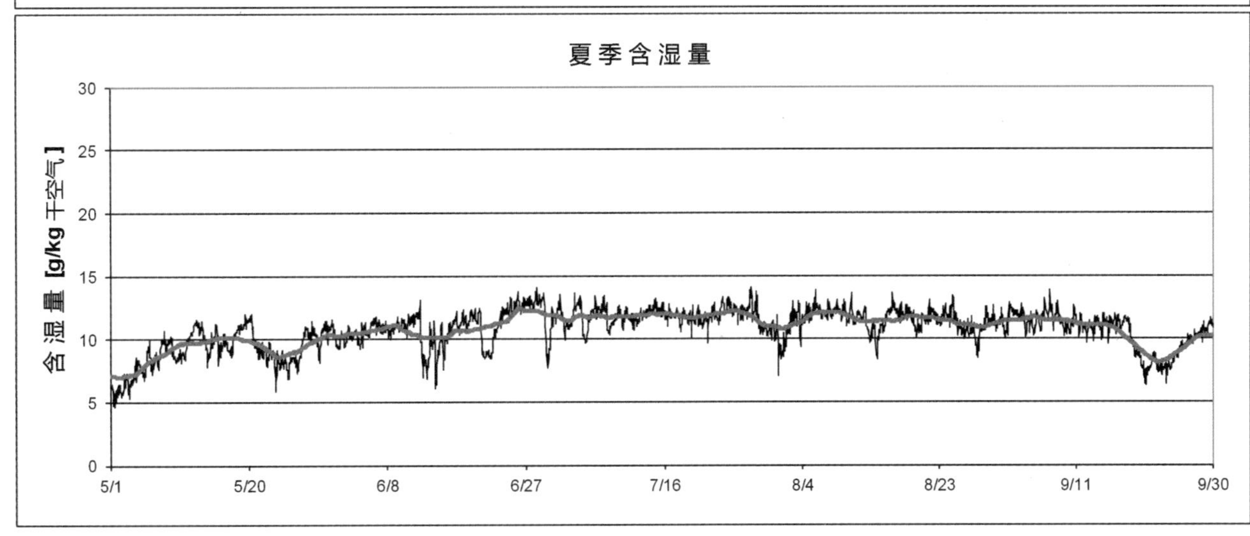

© Passivhaus Institut

图28 研究地点04昆明的气候特征。粉红线代表一周的浮动平均值

6.9.3 结果

研究地点 04 昆明	被动房	标准新建筑
使用采暖需求（20℃）[kWh/（m^2a）]	7.2	95.1
使用制冷需求（25℃）[kWh/（m^2a）]	0	0
使用除湿需求（12g/kg）[kWh/（m^2a）]	0	0
24 小时平均采暖负荷 [W/m^2]	7.5	56.6
24 小时平均制冷负荷 [W/m^2]	0	0
24 小时平均除湿负荷 [W/m^2]	0	0
最低月平均相对湿度 [%]	39%	37%
温度高于 25℃的超温频率 [占一年中的 %]	0%	0%
含湿量高于 12g/kg 的超湿频率 [占一年中的 %]	17%	16%
采暖、制冷、除湿总能源需求 [kWh/（m^2a）]	5.9	102.8
可再生一次能源（PER）总需求 [kWh/（m^2a）]	32.1	177.0

上表中显示的使用能源需求、峰值负荷、湿度和超温频率，均由动态模拟计算得出；提供的能量和 PER（Primary Energy Renewable, 可再生一次能源）由 PHPP 计算得出。PER 指可再生一次能源，即要完全满足建筑物内所有能源设备运行所需要提供的可再生能源总量，包括生活热水、照明、应用装置和其他家庭用电。PER 代表着一种未来全部由可再生能源供给能量的方案。标准新建筑的性能符合当前中国建筑规范要求。

表中可以看出，该建筑物符合被动房要求：每日平均的采暖和制冷负荷明显低于 10W/m^2。不需要制冷，但应注意夏季颇长一段时间室内含湿量稍高于 12g/kg ，某些房间相对湿度经常近 80%。由于夏季室内温度通常不高，另加装除湿器可能有需要，特别是室内湿度负荷较高时。而在夏季开窗会使室内空气在任何情况下都接近环境湿度，约 12 ~ 14g/kg 含湿量。

被动房的温湿调节年能源需求低到可以忽略不计。需求如此低，如真有需要也不妨直接用电热器。

可通过对送风（图 29）加热，不需加循环风。建议在浴室加额外的热源以保持舒适温暖。厨房比其他房间高 1.5K，因为内部热负荷较高。

表中标准新建筑是考虑现行新建住宅建筑设计标准 [DBJ53/T-39] 计算得出的。由此可以看出，被动房比按现行标准建造的常规建筑采暖需求少 80% 以上，其温度保持在 20℃。

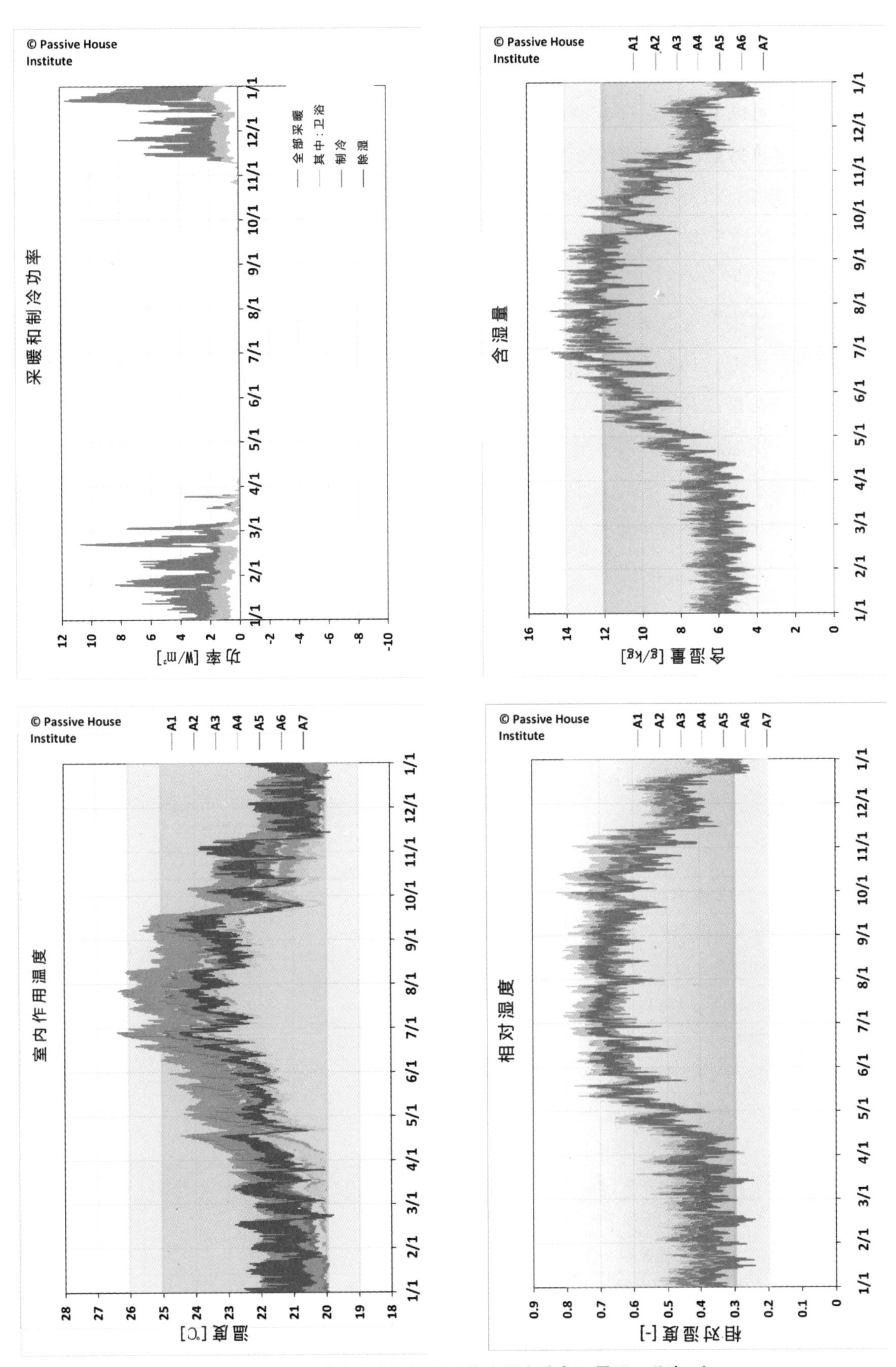

图29　温度、温室调节功率、湿度，只通过送风进行温湿调节（研究地点04昆明，公寓A）

上述为昆明选择的保温层水平较高，因此采暖需求非常低。其实这样温和的气候中可以有多种被动房解决方案。例如，既不安装机械通风也不用三层玻璃窗，仍然可以实现不超过 15kWh/（m^2a）的上限（因此，建筑物是合格的被动房）。墙体和屋顶的隔热需要增加，以补偿窗户和通风的较高热损耗。这种做法的建筑物参数如右表中所示。

按 15kWh/（m^2a）的年采暖需求，昆明的特殊气候会使采暖负荷大幅高于 10W/m^2。此外，本例中没有机械通风系统分配送风来供热。这意味着必须有一个专用的（例如水暖）采暖系统（图 30）。另一方式为，虽然不需制冷，仍可以安装中央分体机来对整个公寓供暖。应视个别情况决定哪一种方式更有利。

研究地点 04 昆明替代方案：参数	
外墙：U 值 典型保温层厚度	0.24W/（m^2K） 15cm
屋面：U 值 典型保温层厚度	0.17W/（m^2K） 20cm
底板：U 值 典型保温层厚度	2.27W/（m^2K） 0cm
屋面吸收系数	0.70
外墙吸收系数	0.60
窗框 U 值	1.60W/（m^2K）
玻璃 U 值 /g 值	1.19W/（m^2K） 0.60
活动遮阳	无
50Pa 压差下换气次数	0.60h^{-1}
热回收率	0
湿度回收率	0
夜间开窗通风	有 （换气次数 n = 0.5h^{-1}）
主动制冷	无
采暖	空气源热泵
制冷	无
除湿	无另加除湿机
家用热水	空气源热泵 + 太阳能热水器

研究地点 04 昆明：替代方案	被动房	标准新建筑
使用采暖需求（20℃）[kWh/（m^2a）]	14.9	95.1
使用制冷需求（25℃）[kWh/（m^2a）]	0	0
使用除湿需求（12g/kg）[kWh/（m^2a）]	0	0
24 小时平均采暖负荷 [W/m^2]	13.5	56.6
24 小时平均制冷负荷 [W/m^2]	0	0
24 小时平均除湿负荷 [W/m^2]	0	0
最低月平均相对湿度 [%]	39%	37%
温度高于 25℃的超温频率 [占一年中的 %]	0%	0%
含湿量高于 12g/kg 的超湿频率 [占一年中的 %]	17%	16%
采暖、制冷、除湿总能源需求 [kWh/（m^2a）]	10.3	102.8
可再生一次能源（PER）总需求 [kWh/（m^2a）]	36.9	177.0

上表中显示的使用能源需求、峰值负荷、湿度和超温频率，均由动态模拟计算得出；提供的能量和 PER（Primary Energy Renewable, 可再生一次能源）由 PHPP 计算得出。PER 指可再生一次能源，即要完全满足建筑物内所有能源设备运行所需要提供的可再生能源总量，包括生活热水、照明、应用装置和其他家庭用电。PER 代表着一种未来全部由可再生能源供给能量的方案。标准新建筑的性能符合当前中国建筑规范要求。

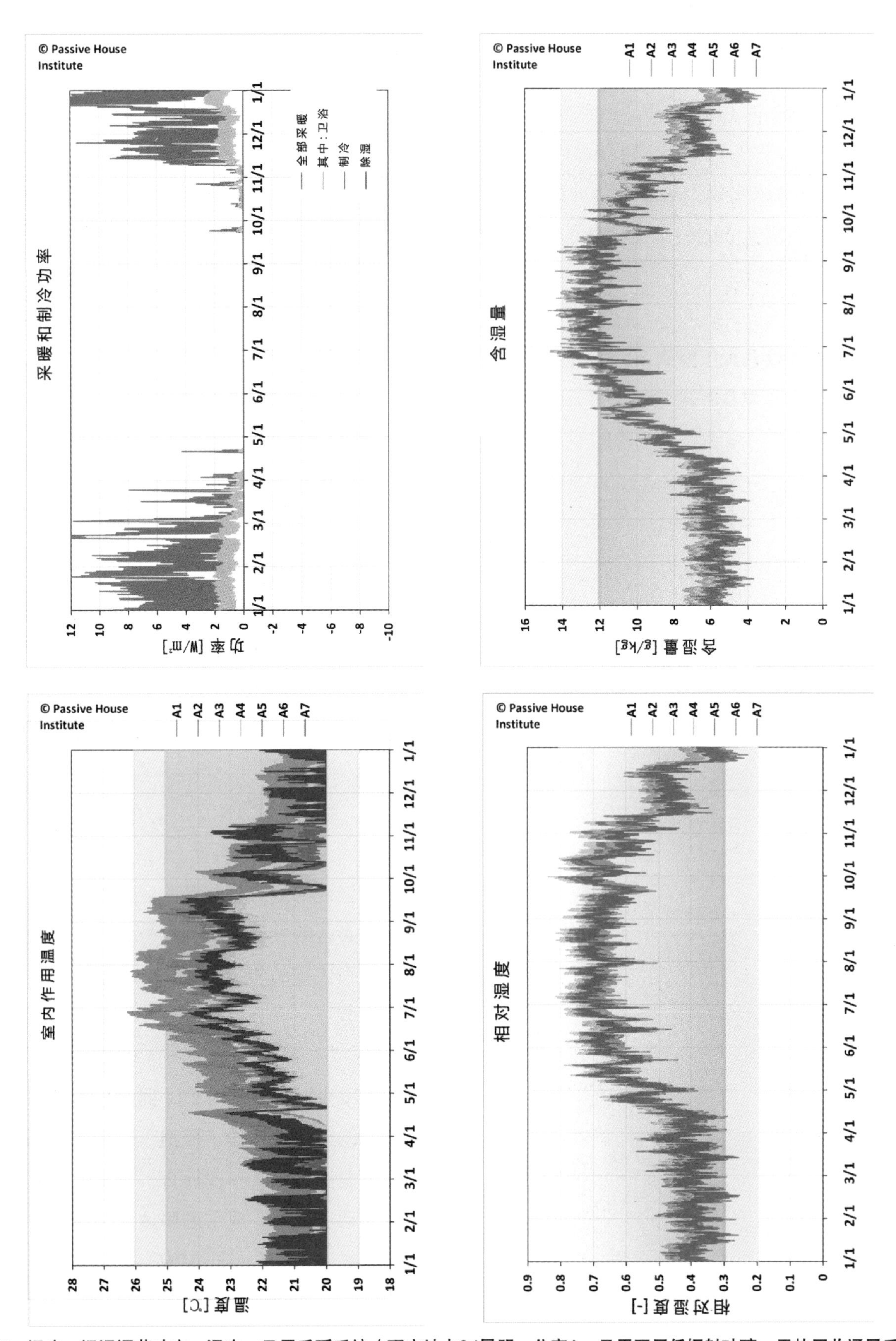

图30 温度、温湿调节功率、湿度，只用采暖系统（研究地点04昆明，公寓A，只用双层低辐射玻璃，无热回收通风系统）

6.10 在研究地点05广州的参考被动房：夏热冬暖气候区

6.10.1 气候特征

广州属亚热带季风气候，年降水量近2000mm，夏季室外含湿量高达20g/kg以上。夏季气温一般升高到30～35℃之间。

冬季温度可能连续几天下降到10℃。不过，即使不用主动供暖，保温良好的建筑仍可以提供可接受的热舒适度。

6.10.2 参考被动房

研究地点 05 广州：参数	
外墙：U 值 典型保温层厚度	0.34W/（m^2K） 10cm
屋面：U 值 典型保温层厚度	0.36W/（m^2K） 8cm
底板：U 值 典型保温层厚度	2.27W/（m^2K） 0cm
屋面吸收系数	0.25
外墙吸收系数	0.25
窗框 U 值	1.60W/（m^2K）
玻璃 U 值 /g 值	1.19W/（m^2K） 0.31
活动遮阳	无
50Pa 压差下换气次数	$0.60h^{-1}$
热回收率	0.70
湿度回收率	0.70
夜间开窗通风	无
主动制冷	有
采暖	空气源热泵
制冷	空气源热泵
除湿	另加除湿机
家用热水	空气源热泵 ＋太阳能热水器

广州气候的最大挑战是除湿。因此，除了典型被动房必备的良好气密性以外，安装了湿度回收功能特别优越的能量回收通风系统（全热交换新风系统）。

为了减少制冷负荷峰值，同时提供良好的热舒适度，屋顶和外墙作了保温。底板无需隔热，因为地下温度适中。一般而言，适量的保温就可以满足被动房标准。双层遮阳玻璃和高红外反射率隔热涂料可以降低太阳热负荷。

05 广州	
纬度	23.2°
经度	113.3°
海拔	41 m

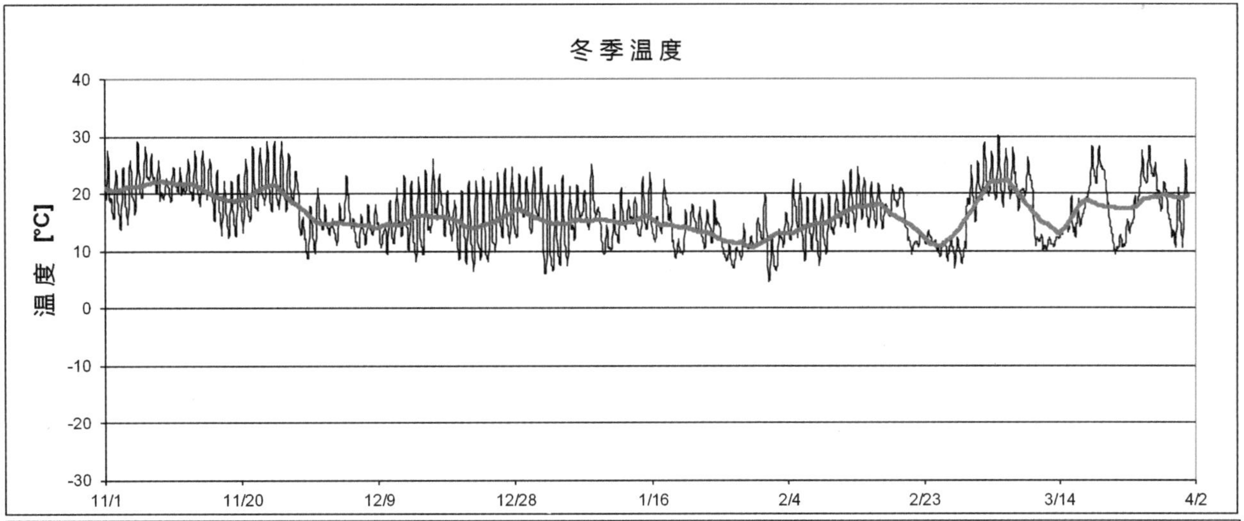

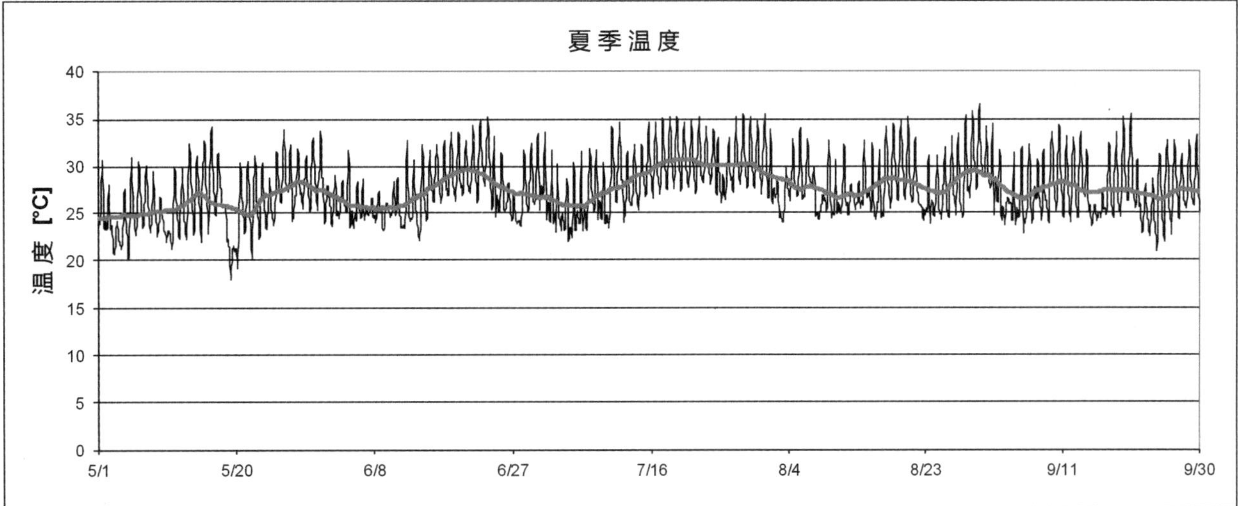

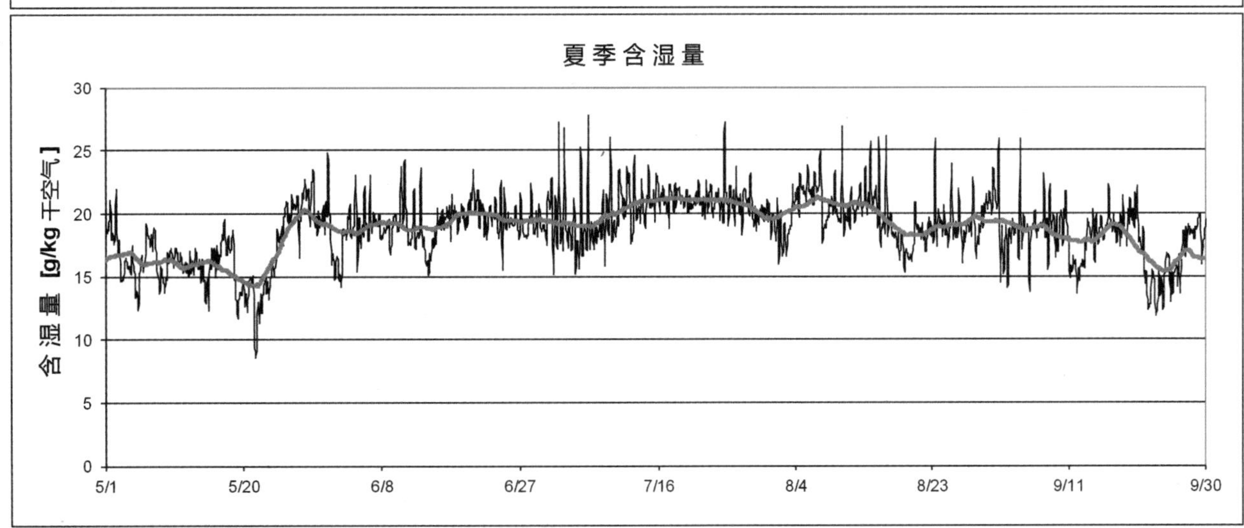

© Passivhaus Institut

图 31　研究地点05广州的气候特征。粉红线代表一周的浮动平均值

6.10.3 结果

研究地点 05 广州	被动房		标准新建筑
使用采暖需求（20℃）[kWh/（m^2a）]	1.3		16.1
使用制冷需求（25℃）[kWh/（m^2a）]	17.4		35.7
使用除湿需求（12g/kg）[kWh/（m^2a）]	20.3		61.8
24 小时平均采暖负荷 [W/m^2]	4.0		20.2
24 小时平均制冷负荷 [W/m^2]	7.1		18.6
24 小时平均除湿负荷 [W/m^2]	5.6		20.0
最低月平均相对湿度 [%]	55%		51%
温度高于 25℃的超温频率 [占一年中的 %]	0%		15%
含湿量高于 12g/kg 的超湿频率 [占一年中的 %]	0%		9%
采暖、制冷、除湿总能源需求 [kWh/（m^2a）]	21.8		53.3
可再生一次能源（PER）总需求 [kWh/（m^2a）]	57.4		103.9

上表中显示的使用能源需求、峰值负荷、湿度和超温频率，均由动态模拟计算得出；提供的能量和 PER（Primary Energy Renewable, 可再生一次能源）由 PHPP 计算得出。PER 指可再生一次能源，即要完全满足建筑物内所有能源设备运行所需要提供的可再生能源总量，包括生活热水、照明、应用装置和其他家庭用电。PER 代表着一种未来全部由可再生能源供给能量的方案。标准新建筑的性能符合当前中国建筑规范要求。

表中可以看出，该建筑物符合被动房要求：每日平均的制冷负荷明显低于 10W/m^2。采暖需求可忽略不计。

高除湿需求显示，单一的制冷系统不足以提供可接受的湿度水平。图 32 中对送风制冷（推荐的）例子表明，超过 80% 的相对湿度频繁发生，相对湿度 90% 以上，含湿量 16g/kg 以上会经常发生。只有在夏末，漫长的制冷时期之后，含湿量才会降到大约 12g/kg。

用安装在中央起居室的小型分体机的除湿模式，所得湿度甚至更高（图 33）。

在这两种情况下，由于内部热负荷高，厨房比其他房间热 1 ~ 2K。由于温度较高，厨房的相对湿度比其他房间低几个百分点。无需采暖，但有几天房间温度可能下降到 18℃。可以就这么接受，或可以极少量的采暖，以严格保持建筑物处于舒适范围内。

要全年达到可接受的室内条件，必须加额外的除湿机。图 34 显示最大含湿量维持在 12g/kg 以下所得的情况。特别是在春天，当重型且隔热良好的建筑物温度还很低，而室外温度和湿度上升时，甚至需要更低的含湿量，才能保持够低的相对湿度。装配专用除湿机将很容易做到这点。

表中标准新建筑是综合考虑现行新建住宅建筑设计标准 [JGJ75] 和 [DBJ15-50] 计算得出的。由此可以看出，被动房比按现行标准建造的常规新建筑减少 60% 的制冷加除湿需求。常规建筑甚至需要一定程度的采暖，才能满足 20℃的最低温度要求。

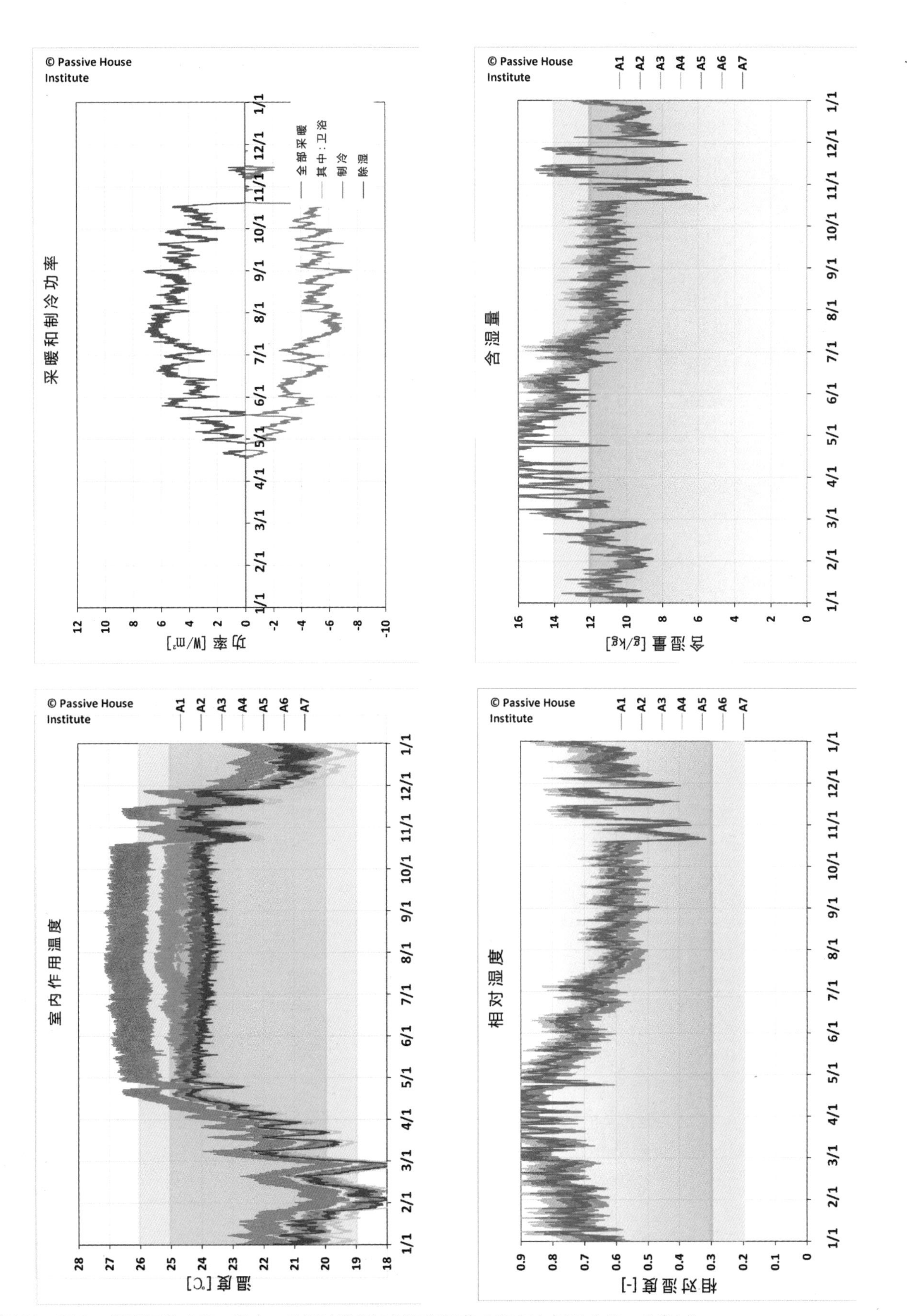

图 32　温度、温湿调节功率、湿度，只通过送风进行温湿调节（研究地点05 广州，公寓A）

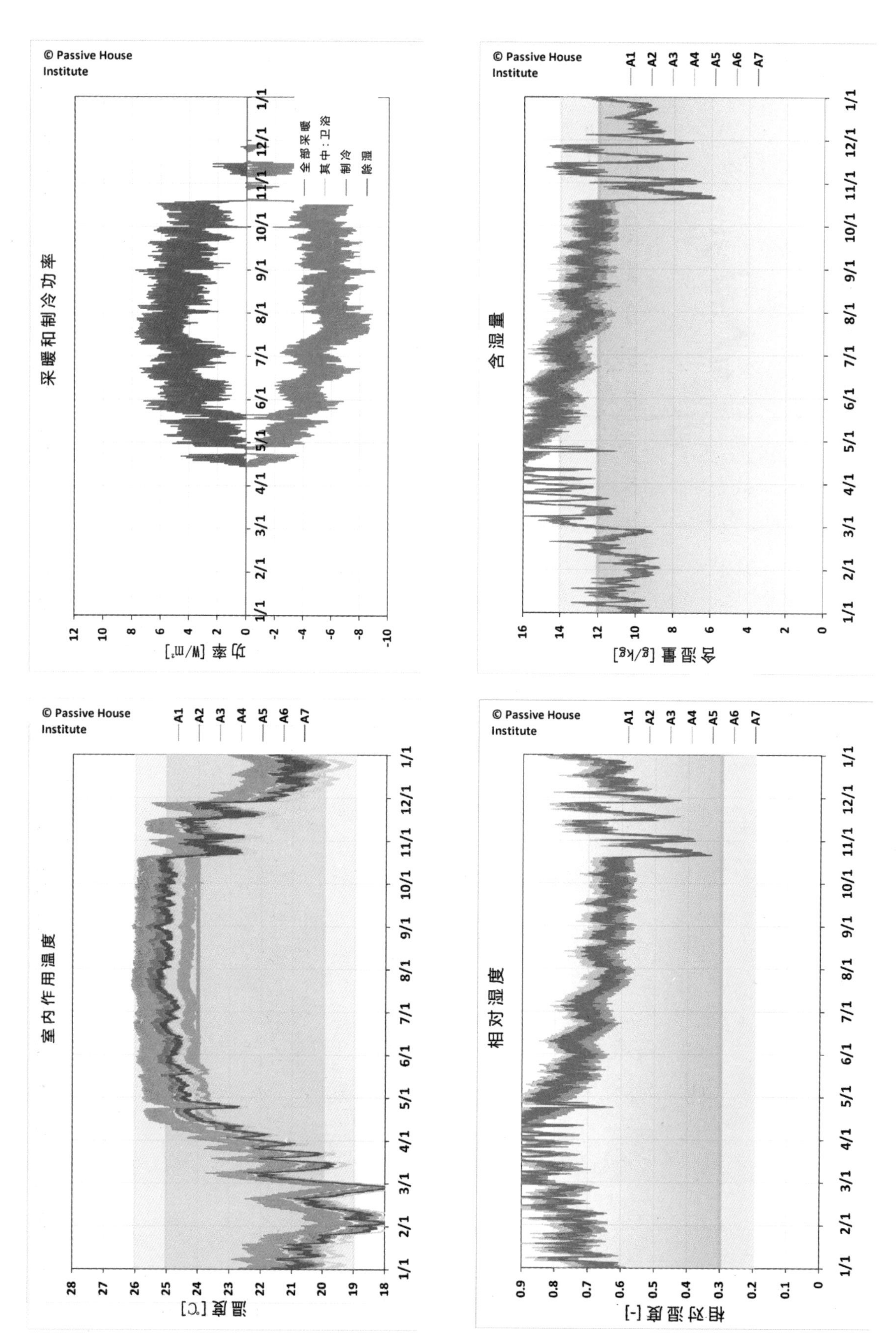

图33　温度、温湿调节功率、湿度，用起居室分体机除湿（除湿模式）调节（研究地点05广州，公寓A，室内房间门通常敞开）

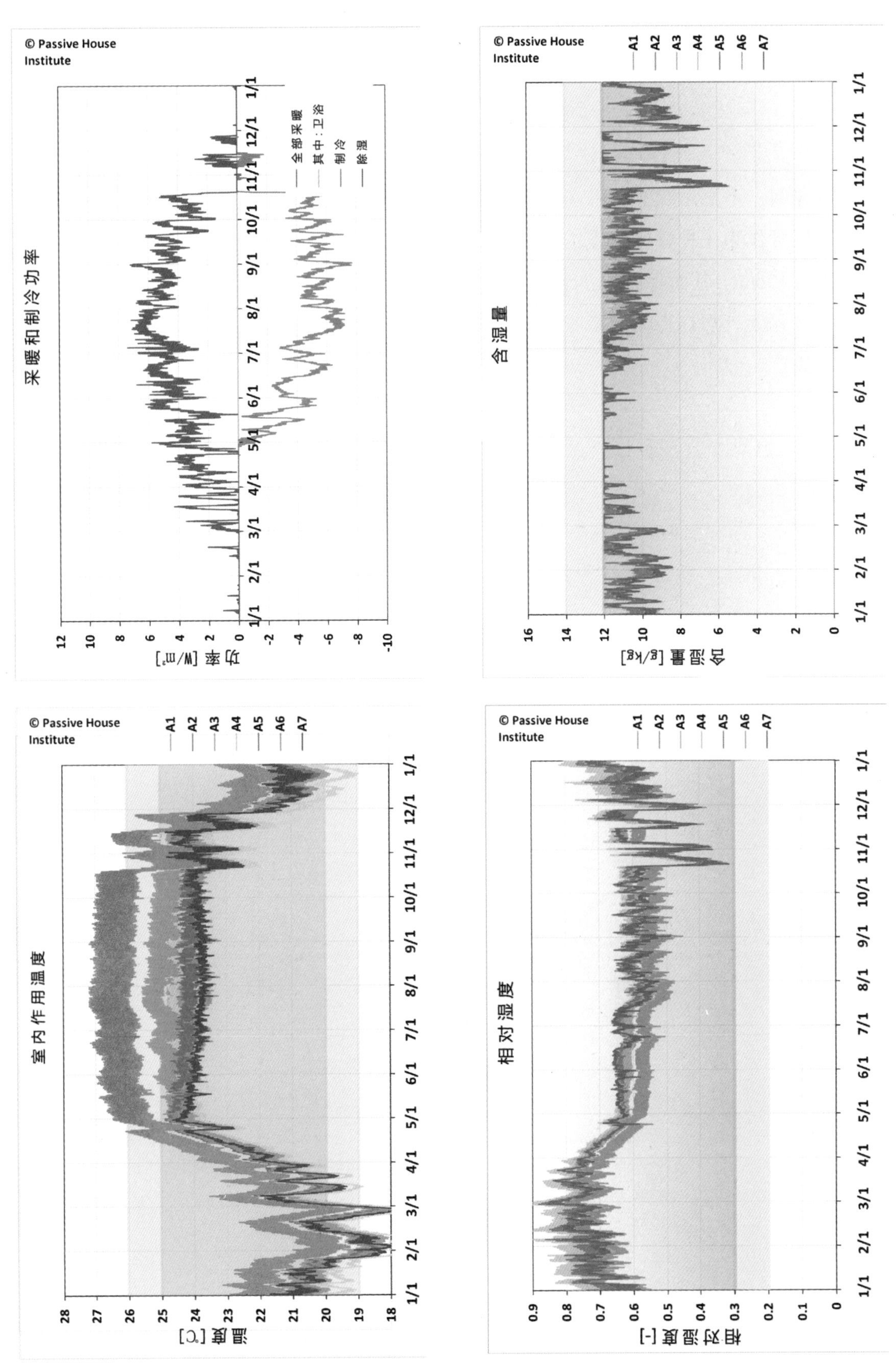

图 34　温度、温湿调节功率、湿度，通过送风及一台另加的除湿机进行温湿调节（研究地点05 广州，公寓A）

广州参考被动房的屋面和外墙吸收系数为0.25。用明亮的白色，特别的高红外反射率隔热涂料，可以达到上述吸收系数，即使经过几年的风化依然有效。

如果由于某种原因，不愿用或不可用这种颜色的涂料，加厚保温可作为一种替代方法。外墙保温从10cm增加到15cm，屋面保温从8cm增加到10cm，如右表中所示，可以得到与参考房类似的结果（参见下表）。

研究地点05 广州替代方案：参数	
外墙：U值 典型保温层厚度	0.24W/（m^2K） 15cm
屋面：U值 典型保温层厚度	0.31W/（m^2K） 10 cm
底板：U值 典型保温层厚度	2.27W/（m^2K） 0cm
屋面吸收系数	0.70
外墙吸收系数	0.60
窗框U值	1.60W/（m^2K）
玻璃U值/g值	1.19W/（m^2K） 0.31
活动遮阳	无
50Pa压差下换气次数	$0.60h^{-1}$
热回收率	0.70
湿度回收率	0.70
夜间开窗通风	无
主动制冷	有
采暖	空气源热泵
制冷	空气源热泵
除湿	另加除湿机
家用热水	空气源热泵 +太阳能热水器

研究地点 05 广州：替代方案	被动房	标准新建筑
使用采暖需求（20℃）[kWh/（m^2a）]	0.5	16.1
使用制冷需求（25℃）[kWh/（m^2a）]	19.6	35.7
使用除湿需求（12g/kg）[kWh/（m^2a）]	20.1	61.8
24 小时平均采暖负荷 [W/m^2]	2.8	20.2
24 小时平均制冷负荷 [W/m^2]	7.7	18.6
24 小时平均除湿负荷 [W/m^2]	5.6	20.0
最低月平均相对湿度 [%]	54%	51%
温度高于 25℃的超温频率 [占一年中的 %]	0%	15%
含湿量高于 12g/kg 的超湿频率 [占一年中的 %]	0%	9%
采暖、制冷、除湿总能源需求 [kWh/（m^2a）]	21.8	53.3
可再生一次能源（PER）总需求 [kWh/（m^2a）]	57.6	103.9

上表中显示的使用能源需求、峰值负荷、湿度和超温频率，均由动态模拟计算得出；提供的能量和 PER（Primary Energy Renewable, 可再生一次能源）由 PHPP 计算得出。PER 指可再生一次能源，即要完全满足建筑物内所有能源设备运行所需要提供的可再生能源总量，包括生活热水、照明、应用装置和其他家庭用电。PER 代表着一种未来全部由可再生能源供给能量的方案。标准新建筑的性能符合当前中国建筑规范要求。

6.11 在研究地点06琼海的参考被动房：夏热冬暖气候区

6.11.1 气候特征

琼海位于中国最南端的省份海南岛上。气候比广州还要暖和。冬季很短而温和，日平均气温很少低于15℃，因此无需采暖。夏季几个月中室外含湿量约20g/kg，因此除湿是重点。夏季气温经常上升到35℃。

6.11.2 参考被动房

研究地点 06 琼海：参数	
外墙：U 值 典型保温层厚度	0.34W/（m^2K） 10cm
屋面：U 值 典型保温层厚度	0.36W/（m^2K） 8cm
底板：U 值 典型保温层厚度	2.27W/（m^2K） 0cm
屋面吸收系数	0.25
外墙吸收系数	0.25
窗框 U 值	1.60W/（m^2K）
玻璃 U 值 /g 值	1.19W/（m^2K） 0.31
活动遮阳	无
50Pa 压差下换气次数	$0.60h^{-1}$
热回收率	0.70
湿度回收率	0.70
夜间开窗通风	无
主动制冷	有
采暖	空气源热泵
制冷	空气源热泵
除湿	另加除湿机
家用热水	空气源热泵 + 太阳能热水器

琼海气候的最大挑战是除湿。因此，除了典型被动房必备的良好气密性以外，安装了湿度回收功能特别优越的能量回收通风系统（全热交换新风系统）。

为了降低制冷负荷峰值，同时提供良好的热舒适度，屋顶和外墙加了保温。底板无需保温，因为地下温度适中。一般而言，适量的保温就可以满足被动房标准。双层遮阳玻璃和高红外反射率隔热涂料可以降低太阳热负荷。

类似于广州，可以用加厚保温层来取代明亮白色外观的高效高红外反射率隔热涂料。

06 琼海	
纬度	19.2°
经度	110.5°
海拔	24 m

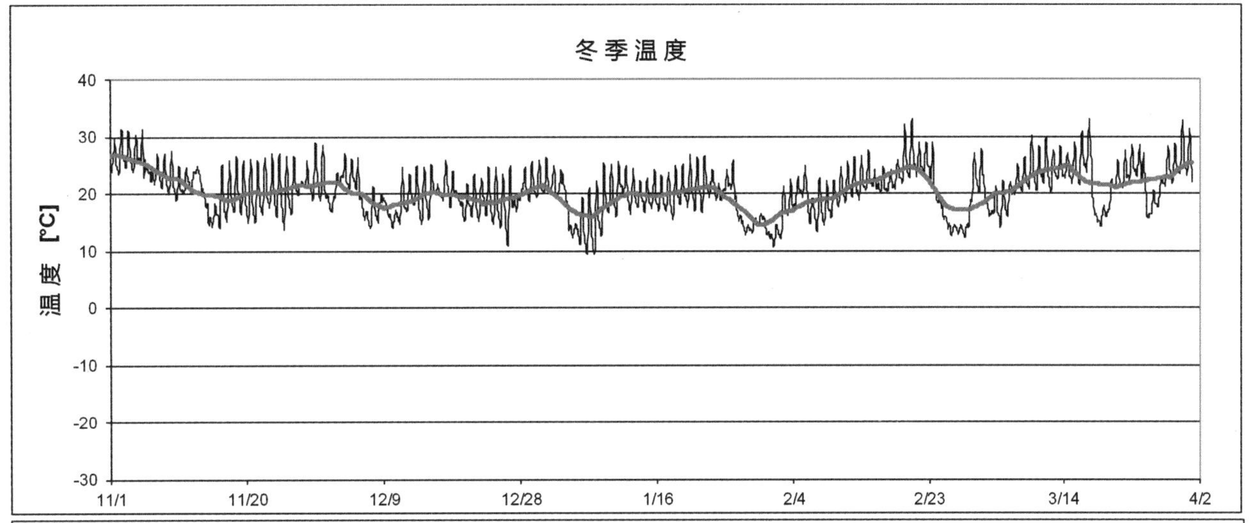

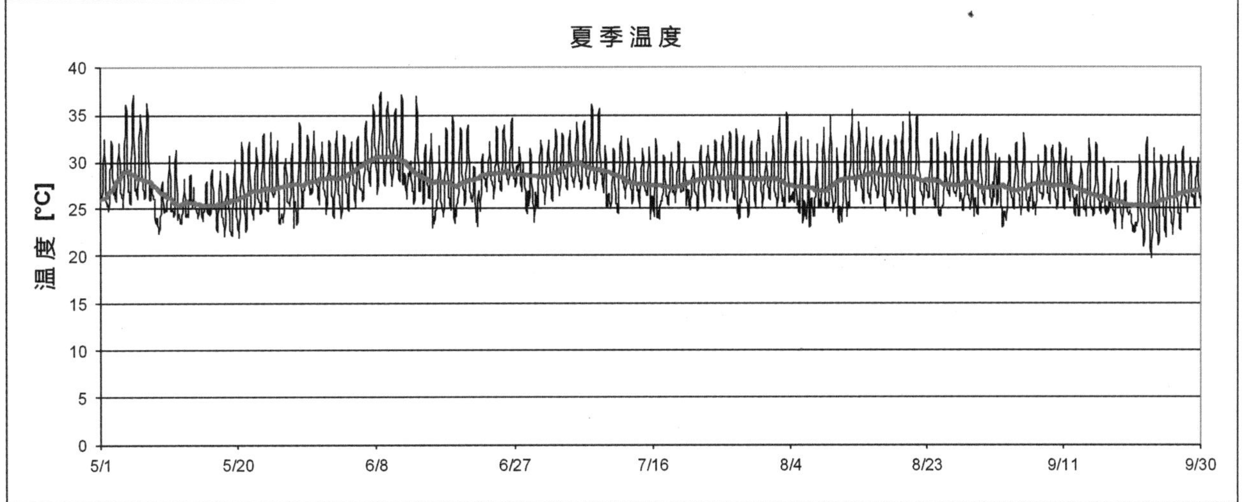

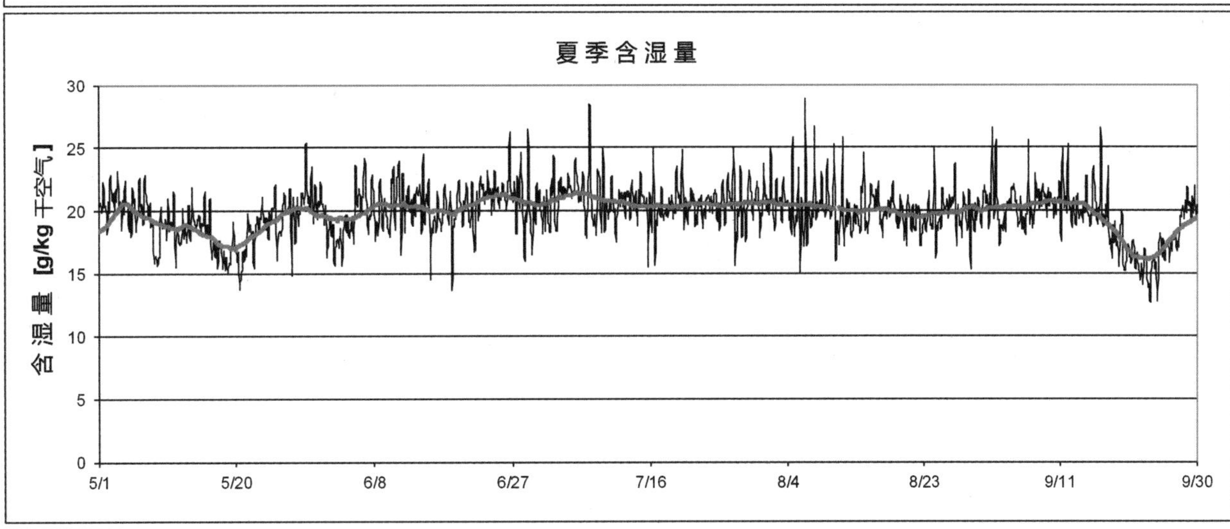

© Passivhaus Institut

图35 研究地点06 琼海的气候特征。粉红线代表一周的浮动平均值

6.11.3 结果

研究地点 06 琼海	被动房	标准新建筑
使用采暖需求（20℃）[kWh/（m^2a）]	0	1.2
使用制冷需求（25℃）[kWh/（m^2a）]	26.0	51.1
使用除湿需求（12g/kg）[kWh/（m^2a）]	29.2	92.8
24 小时平均采暖负荷 [W/m^2]	0	11.0
24 小时平均制冷负荷 [W/m^2]	7.3	19.4
24 小时平均除湿负荷 [W/m^2]	5.7	20.1
最低月平均相对湿度 [%]	61%	61%
温度高于 25℃的超温频率 [占一年中的 %]	0%	0%
含湿量高于 12g/kg 的超湿频率 [占一年中的 %]	0%	0%
采暖、制冷、除湿总能源需求 [kWh/（m^2a）]	29.9	64.2
可再生一次能源（PER）总需求 [kWh/（m^2a）]	67.5	122.0

上表中显示的使用能源需求、峰值负荷、湿度和超温频率，均由动态模拟计算得出；提供的能量和 PER（Primary Energy Renewable, 可再生一次能源）由 PHPP 计算得出。PER 指可再生一次能源，即要完全满足建筑物内所有能源设备运行所需要提供的可再生能源总量，包括生活热水、照明、应用装置和其他家庭用电。PER 代表着一种未来全部由可再生能源供给能量的方案。标准新建筑的性能符合当前中国建筑规范要求。

表中可以看出，该建筑物符合被动房要求：每日平均的制冷负荷明显低于 10W/m^2。无需采暖。但在保温不佳的现行标准新建筑中理论上还有少许可以忽略不计的采暖需求。

高除湿需求显示，单靠制冷系统不足以提供可接受的湿度水平。图 36 中对送风制冷的例子表明，超过 80% 的相对湿度频繁发生，相对湿度 90% 以上，含湿量 16g/kg 以上会经常发生。只有在漫长的制冷时期之后，含湿量才会降到大约 12g/kg 。

用安装在中央起居室的小型分体机的除湿模式，所得结果相似（比较 6.10.3 节）。

由于内部热负荷高，厨房比其他房间温度高 2 K。由于温度较高，厨房的相对湿度比其他房间低 5 ~ 10 个百分点。

良好的保温可以保护建筑对抗炎热的夏季条件，也使得冬季温度可以保持在 20℃以上。

要全年达到可接受的室内条件，必须添加额外的除湿机。

图 37 显示最大含湿量维持在 12g/kg 以下所得的情况。特别是在冬天，当建筑物温度低于 25℃时，甚至需要更低的含湿量，才能保持够低的相对湿度。装配专用除湿机将很容易做到这点。

表中标准新建筑是综合考虑现行新建住宅建筑设计标准 [JGJ75] 和 [JDJ01] 计算得出的。由此可以看出，被动房比按现行标准建造的常规建筑减少 60% 的制冷加除湿需求。

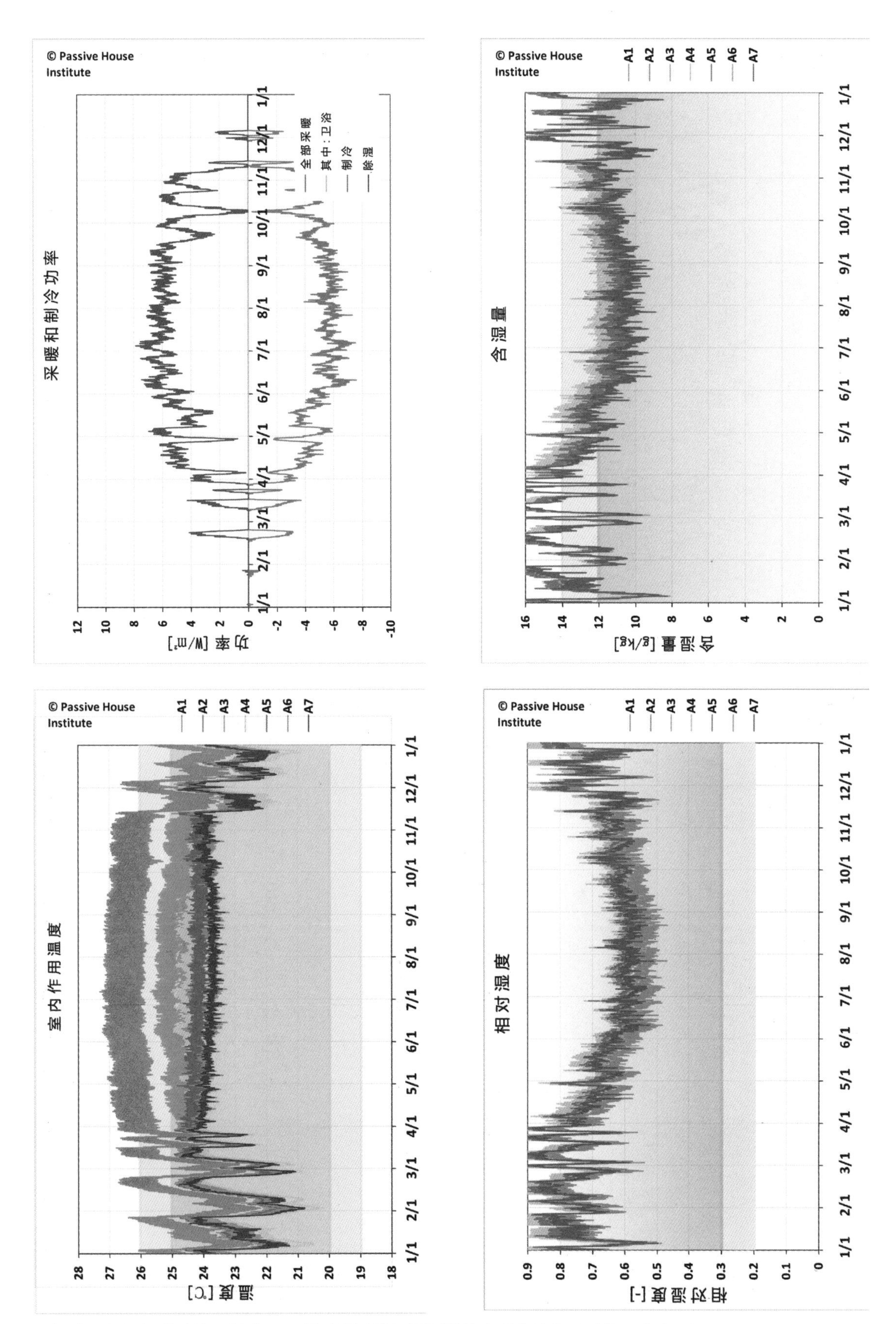

图36 温度、温湿调节功率、湿度，只通过送风进行温湿调节（研究地点06琼海，公寓A）

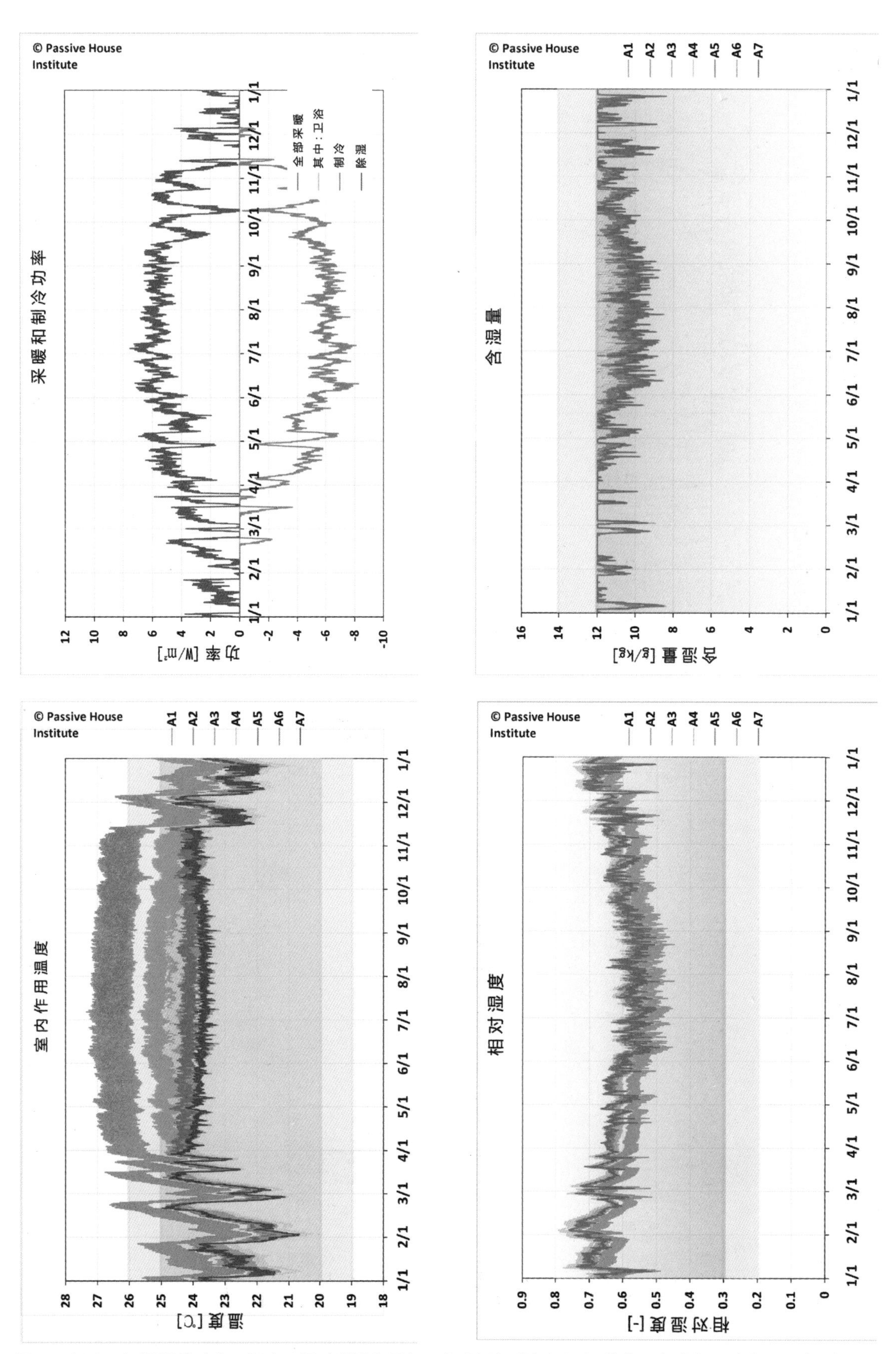

图37 温度、温湿调节功率、湿度，通过送风和另加一台除湿机进行温湿调节（研究地点06琼海，公寓A）

6.12 在研究地点07哈尔滨的参考被动房：严寒气候区

6.12.1 气候特征

哈尔滨号称“冰城”，冬季漫长而极为寒冷。日平均温度可低至 –20℃。来自西伯利亚的干燥寒流带来低温，也带来晴朗的天空。在这个气候区的被动房要求极佳的保温，紧凑的热围护结构，最好朝南。

夏季温度似乎允许完全使用被动制冷。受到海洋影响，夏季偏于潮湿。总体而言，如果要求高舒适度，那么哈尔滨是使用被动式制冷的极限情况。

6.12.2 参考被动房

研究地点 07 哈尔滨：参数	
外墙：U 值 典型保温层厚度	0.13W/（m^2K） 30cm
屋面：U 值 典型保温层厚度	0.09W/（m^2K） 40cm
底板：U 值 典型保温层厚度	0.18W/（m^2K） 20cm
屋面吸收系数	0.70
外墙吸收系数	0.60
窗框 U 值	0.60W/（m^2K）
玻璃 U 值 /g 值	0.33W/（m^2K） 0.47
活动遮阳	有
50Pa 压差下换气次数	$0.30h^{-1}$
热回收率	0.90
湿度回收率	0.60
夜间开窗通风	有 （换气次数 $n = 2h^{-1}$）
主动制冷	无
采暖	地源热泵
制冷	无
除湿	无另加除湿机
家用热水	地源热泵 + 太阳能热水器

在严寒的气候下需要卓越的保温，首先选择四层玻璃配上高度隔热的窗框。这种组件，甚至不用散热器也能抵御寒冷的下降气流和低辐射温度，提供窗边区域高度舒适性。气密性比典型的被动房进一步提高，并安装 90% 热回收的通风系统。总体而言，这些组合提供了足够的余裕，使得外墙保温只需相对中等的 U 值 0.13W/（m^2K）。

为应付温暖而偶尔潮湿的夏季，需安装活动遮阳。并为夏季通风设定较高的换气次数（仅在少有的既凉爽又足够干燥的时期中进行额外的夏季通风）。

07 哈尔滨	
纬度	45.8°
经度	126.8°
海拔	142 m

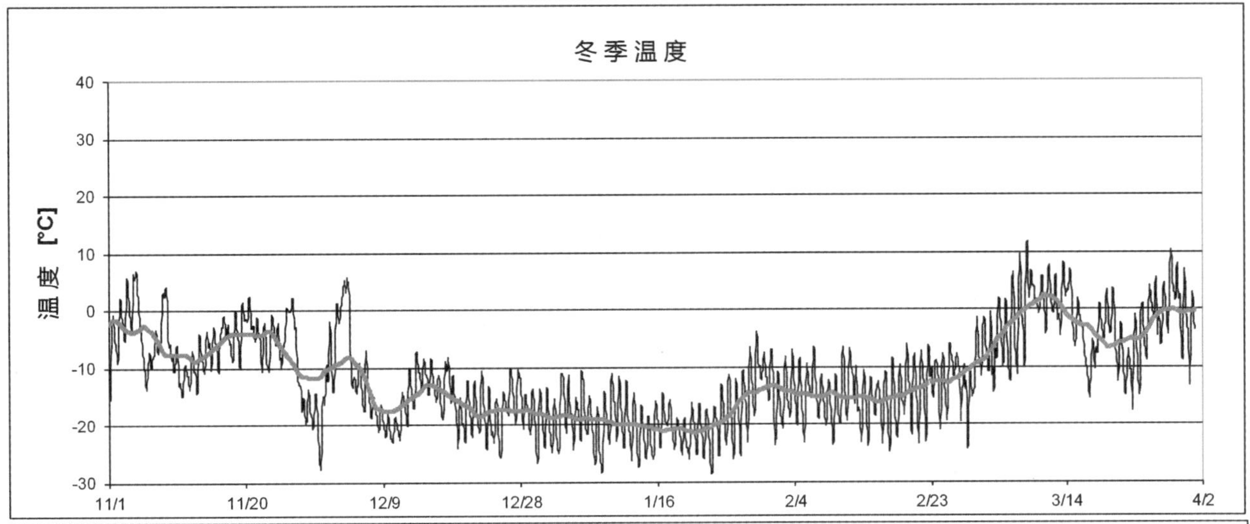

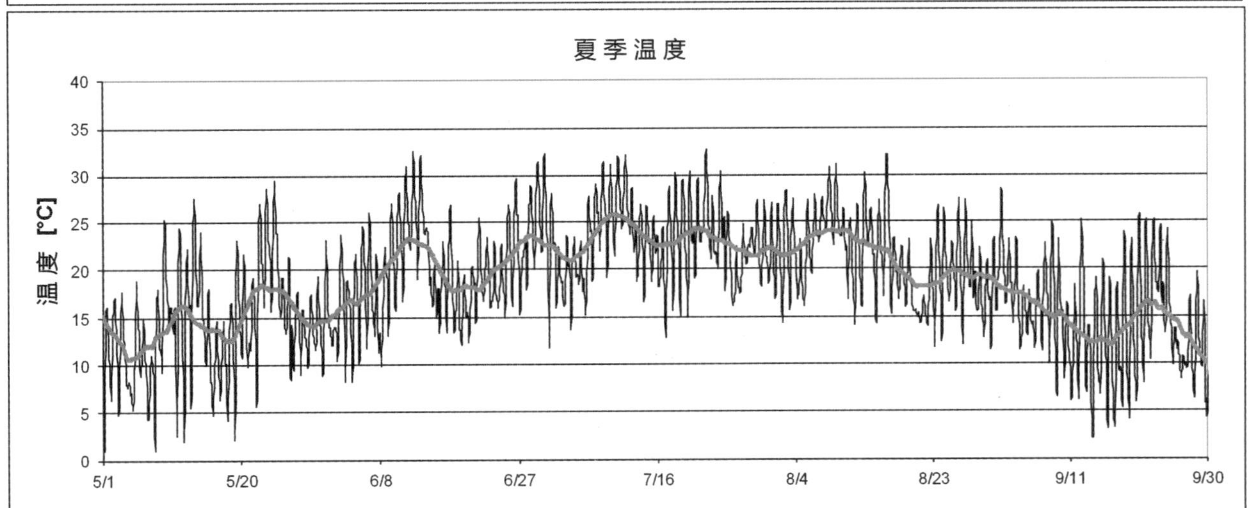

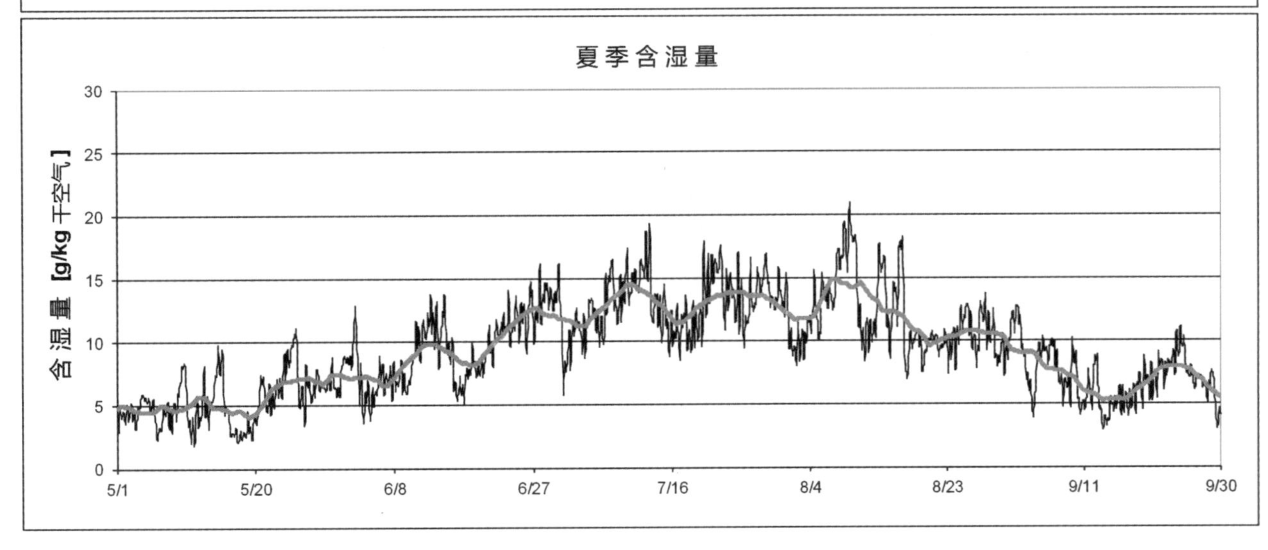

© Passivhaus Institut

图38　研究地点07哈尔滨的气候特征。粉红线代表一周的浮动平均值

6.12.3 结果

研究地点 07 哈尔滨	被动房	标准新建筑
使用采暖需求（20℃）[kWh/（m^2a）]	12.7	167.6
使用制冷需求（25℃）[kWh/（m^2a）]	0	0
使用除湿需求（12g/kg）[kWh/（m^2a）]	0	0
24 小时平均采暖负荷 [W/m^2]	7.1	55.7
24 小时平均制冷负荷 [W/m^2]	0	0
24 小时平均除湿负荷 [W/m^2]	0	0
最低月平均相对湿度 [%]	30%	12%
温度高于 25℃的超温频率 [占一年中的 %]	9%	6%
含湿量高于 12g/kg 的超湿频率 [占一年中的 %]	11%	11%
采暖、制冷、除湿总能源需求 [kWh/（m^2a）]	15.9	179.5
可再生一次能源（PER）总需求 [kWh/（m^2a）]	44.3	328.6

上表中显示的使用能源需求、峰值负荷、湿度和超温频率，均由动态模拟计算得出；提供的能量和 PER（Primary Energy Renewable，可再生一次能源）由 PHPP 计算得出。PER 指可再生一次能源，即要完全满足建筑物内所有能源设备运行所需要提供的可再生能源总量，包括生活热水、照明、应用装置和其他家庭用电。PER 代表着一种未来全部由可再生能源供给能量的方案。标准新建筑的性能符合当前中国建筑规范要求。

从表中可以看出，该建筑物符合被动房要求：每日平均的采暖和制冷负荷明显低于 10W/m^2。

图 39 证实，这种方法是可行的。浴室应另加热源以保持舒适温暖。厨房温度比其他房间高约 1.5K，因为内部热负荷较高。当然，也可用地暖、混凝土芯调温系统，或类似的低温度循环液调温系统。这些与热泵相结合是有利的。

由于极端寒冷，必须用地源热泵，以达到较高的能效比，满足采暖需求。另一种选择是热电联产站，可以有效地满足采暖负荷。

夏天利用高换气次数，可以勉强将室内温度和湿度维持在舒适范围的边缘内，超过极限值的时间约为 10%。

在冬季，使用能量回收通风系统（全热交换新风系统），被动房可以实现舒适的湿度。按现行标准的新建筑中冬天湿度很低。

表中标准新建筑是综合考虑现行新建住宅建筑设计标准 [JGJ26] 和 [DB23/1270] 计算得出的。由此可以看出，被动房比按现行建筑标准建造的常规建筑采暖需求减少 80% 以上。

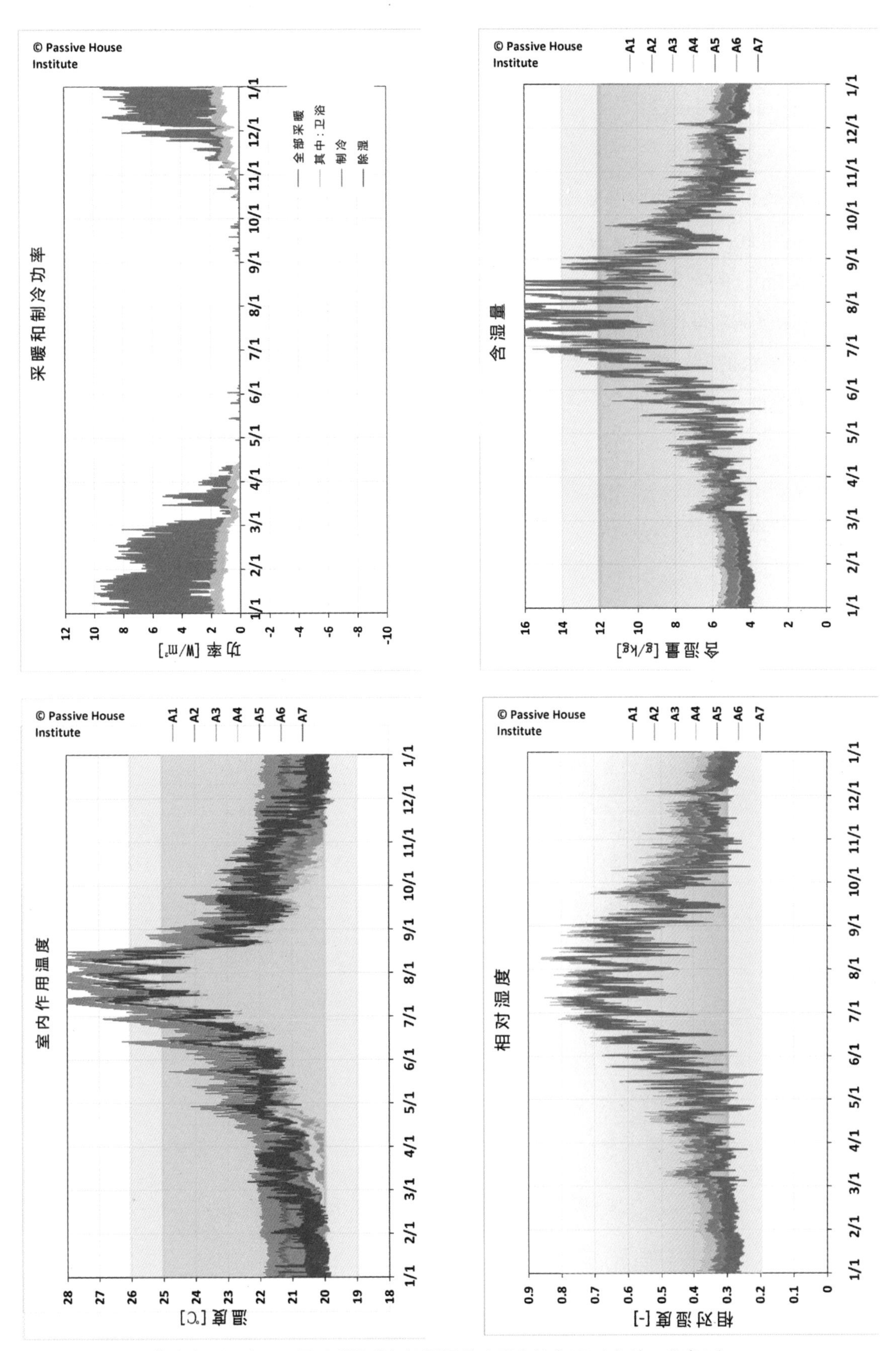

图39 温度、温湿调节功率、湿度，只通过送风进行温湿调节（研究地点07 哈尔滨，公寓A）

上述哈尔滨参考被动房，即使考虑 PHPP 的安全余量，其采暖负荷峰值也低于 10W/m²。年采热需求仍远低于 15kWh/（m²a）。另一方面，本例中用了超高性能的低辐射四层玻璃窗。

如果安装三层玻璃和一般被动房窗框等已经有大量制造商生产的组件，按 PHPP 计算，采暖负荷将上升超过 10W/m²。但如果同时将保温层稍微加厚，建筑物的年采暖需求可控制在 15kWh/（m²a），这是满足被动房要求的另一种方式。本页表中显示了这种替代方案的参数。

即使在哈尔滨的寒冷气候区，也不乏组件可供选择，可依喜好、成本、供应情况而决定。

研究地点 07 哈尔滨替代方案：参数	
外墙：U 值 典型保温层厚度	0.13W/（m²K） 30cm
屋面：U 值 典型保温层厚度	0.09W/（m²K） 40cm
底板：U 值 典型保温层厚度	0.15W/（m²K） 25cm
屋面吸收系数	0.70
外墙吸收系数	0.60
窗框 U 值	0.75W/（m²K）
玻璃 U 值 /g 值	0.51W/（m²K） 0.52
活动遮阳	有
50Pa 压差下换气次数	$0.30h^{-1}$
热回收率	0.90
湿度回收率	0.60
夜间开窗通风	有 （换气次数 $n = 2h^{-1}$）
主动制冷	无
采暖	地源热泵
制冷	无
除湿	无另加除湿机
家用热水	地源热泵 + 太阳能热水器

研究地点 07 哈尔滨：替代方案	被动房	标准新建筑
使用采暖需求（20℃）[kWh/（m^2a）]	15.2	167.6
使用制冷需求（25℃）[kWh/（m^2a）]	0	0
使用除湿需求（12g/kg）[kWh/（m^2a）]	0	0
24 小时平均采暖负荷 [W/m^2]	8.3	55.7
24 小时平均制冷负荷 [W/m^2]	0	0
24 小时平均除湿负荷 [W/m^2]	0	0
最低月平均相对湿度 [%]	30%	12%
温度高于 25℃的超温频率 [占一年中的 %]	14%	6%
含湿量高于 12g/kg 的超温频率 [占一年中的 %]	12%	11%
采暖、制冷、除湿总能源需求 [kWh/（m^2a）]	17.6	179.5
可再生一次能源（PER）总需求 [kWh/（m^2a）]	46.4	328.6

上表中显示的使用能源需求、峰值负荷、湿度和超温频率，均由动态模拟计算得出；提供的能量和 PER（Primary Energy Renewable, 可再生一次能源）由 PHPP 计算得出。PER 指可再生一次能源，即要完全满足建筑物内所有能源设备运行所需要提供的可再生能源总量，包括生活热水、照明、应用装置和其他家庭用电。PER 代表着一种未来全部由可再生能源供给能量的方案。标准新建筑的性能符合当前中国建筑规范要求。

6.13 在研究地点08乌鲁木齐的参考被动房：严寒气候区

6.13.1 气候特征

乌鲁木齐属大陆性气候，冬季很冷。夜间温度有时降至 –20℃，极佳的保温必不可少。但冬天比哈尔滨温和许多，虽 然不那么晴朗。

整个夏季月平均温度升到 20℃以上。在这个半干旱气候区夏日湿度不是问题。夏季大部分时间夜间在 20℃以下，因此，如果设计者和使用者都严格遵循被动制冷原则，夏季里可接受的舒适度唾手可得。

6.13.2 参考被动房

研究地点 08 乌鲁木齐：参数	
外墙：U 值 典型保温层厚度	0.13W/（m^2K） 30cm
屋面：U 值 典型保温层厚度	0.09W/（m^2K） 40cm
底板：U 值 典型保温层厚度	0.18W/（m^2K） 20cm
屋面吸收系数	0.70
外墙吸收系数	0.60
窗框 U 值	0.75W/（m^2K）
玻璃 U 值 /g 值	0.51W/（m^2K） 0.52
活动遮阳	有
50Pa 压差下换气次数	0.30h^{-1}
热回收率	0.90
湿度回收率	0.60
夜间开窗通风	有 （换气次数 n = 1h^{-1}）
主动制冷	无
采暖	地源热泵
制冷	无
除湿	无另加除湿机
家用热水	地源热泵 + 太阳能热水器

良好的三层低辐射玻璃配上隔热的窗框，足以应付乌鲁木齐的气候。气密性比典型的被动房进一步提高，并安装 90% 热回收的通风系统。总体而言，这些组合提供了足够的余裕，使得外墙保温只需相对中等的 U 值 0.13W/（m^2K）。

活动遮阳加上较高的夏日通风换气次数，就足以提供很高的夏季舒适度。

08 乌鲁木齐	
纬度	43.8°
经度	87.7°
海拔	935 m

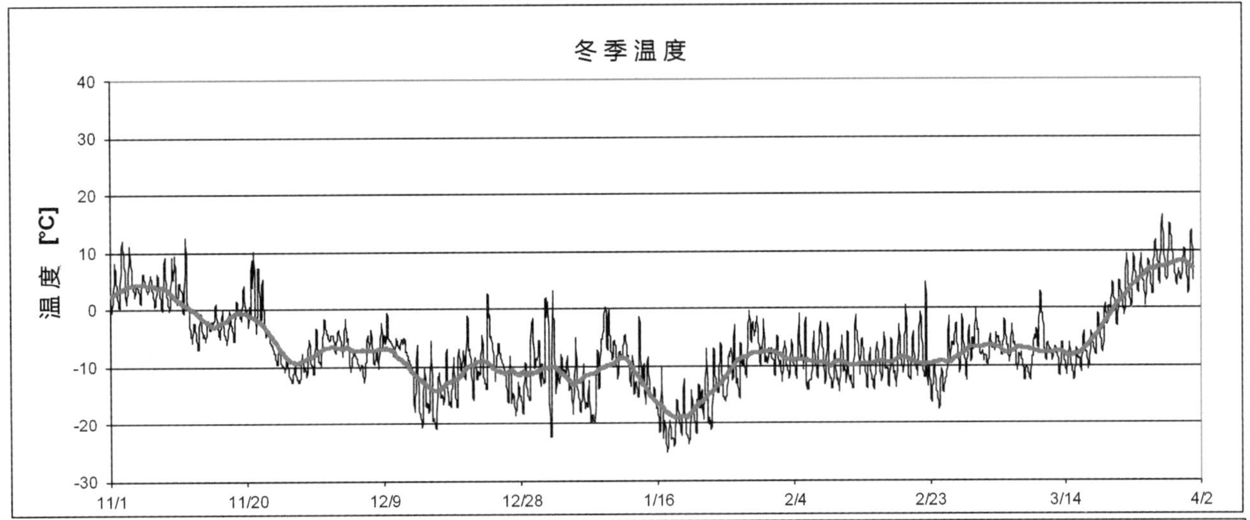

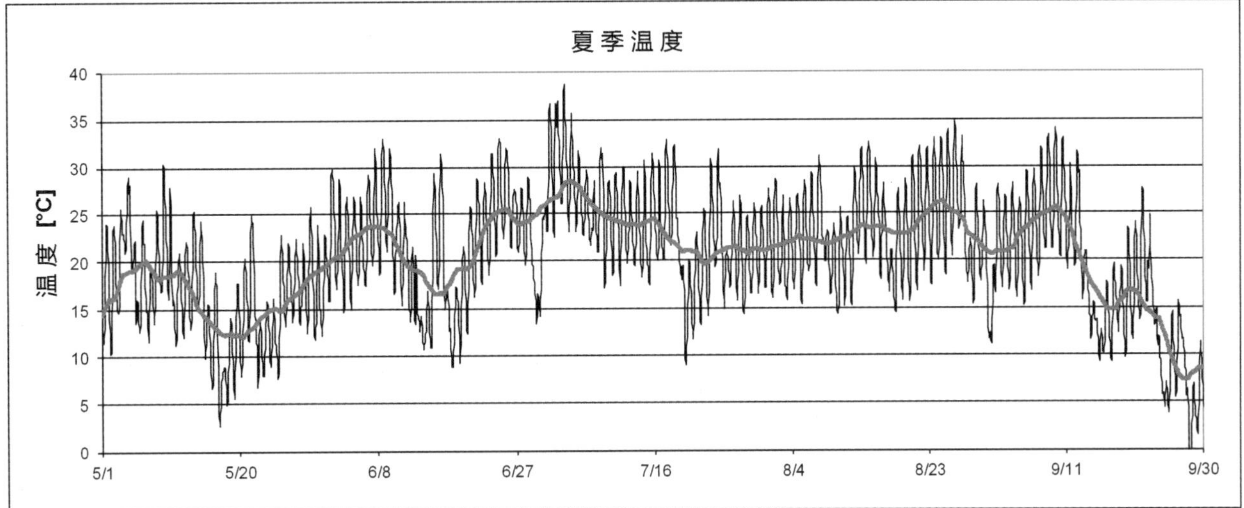

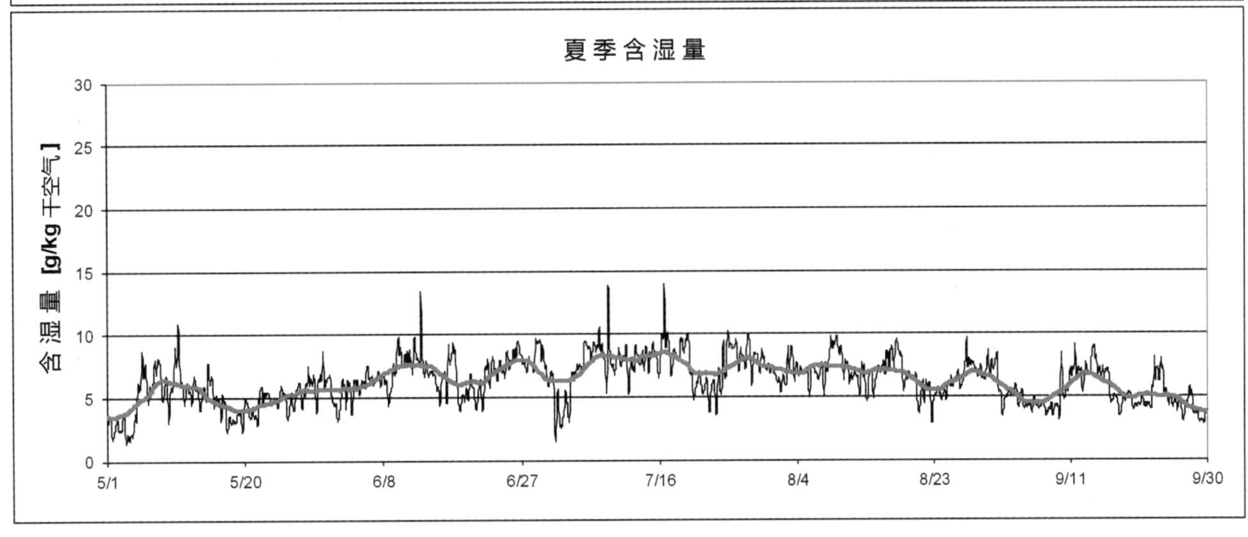

© Passivhaus Institut

图40 研究地点 08乌鲁木齐的气候特征。粉红线代表一周的浮动平均值

6.13.3 结果

研究地点 08 乌鲁木齐	被动房	标准新建筑
使用采暖需求（20℃）[kWh/（m^2a）]	13.0	153.7
使用制冷需求（25℃）[kWh/（m^2a）]	0	0
使用除湿需求（12 g/kg）[kWh/（m^2a）]	0	0
24 小时平均采暖负荷 [W/m^2]	7.7	57.5
24 小时平均制冷负荷 [W/m^2]	0	0
24 小时平均除湿负荷 [W/m^2]	0	0
最低月平均相对湿度 [%]	33%	16%
温度高于 25℃的超温频率 [占一年中的 %]	7%	13%
含湿量高于 12g/kg 的超湿频率 [占一年中的 %]	0%	0%
采暖、制冷、除湿总能源需求 [kWh/（m^2a）]	11.4	155.8
可再生一次能源（PER）总需求 [kWh/（m^2a）]	37.0	306.4

上表中显示的使用能源需求、峰值负荷、湿度和超温频率，均由动态模拟计算得出；提供的能量和 PER（Primary Energy Renewable, 可再生一次能源）由 PHPP 计算得出。PER 指可再生一次能源，即要完全满足建筑物内所有能源设备运行所需要提供的可再生能源总量，包括生活热水、照明、应用装置和其他家庭用电。PER 代表着一种未来全部由可再生能源供给能量的方案。标准新建筑的性能符合当前中国建筑规范要求。

从表中可以看出，该建筑物符合被动房要求：每日平均的采暖和制冷负荷明显低于 10W/m^2。

图 41 证实这种方法是可行的。浴室应另加热源以保持舒适温暖。厨房温度比其他房间高约 1.5K，因为内部热负荷较高。当然，也可用地暖、混凝土芯调温系统，或类似的低温度循环液调温系统。这些与热泵相结合是有利的。

由于气候寒冷，必须用地源热泵，以达到较高的能效比，满足采暖需求。另一种选择是热电联产站，可以有效地满足采暖负荷。

除极少情况外，室内湿度保持在 30% ~ 60% 之间，在乌鲁木齐的半干旱气候区夏季湿度根本不是问题。在冬季，使用能量回收通风系统（全热交换新风系统），被动房可以实现舒适的湿度。按现行标准的新建房中冬天湿度则很低。

除了少数特别热的日子，只要用活动遮阳和大量夜间通风，被动制冷足以应付环境条件。这样的夏季条件是可接受的。无论如何夏季舒适度都比按现行标准的新建建筑好。

表中标准新建筑是综合考虑现行新建住宅建筑设计标准 [JGJ26] 和 [XJJ001] 计算得出的。由此可以看出，被动房比按现行标准建造的常规新建建筑采暖需求少 80% 以上。

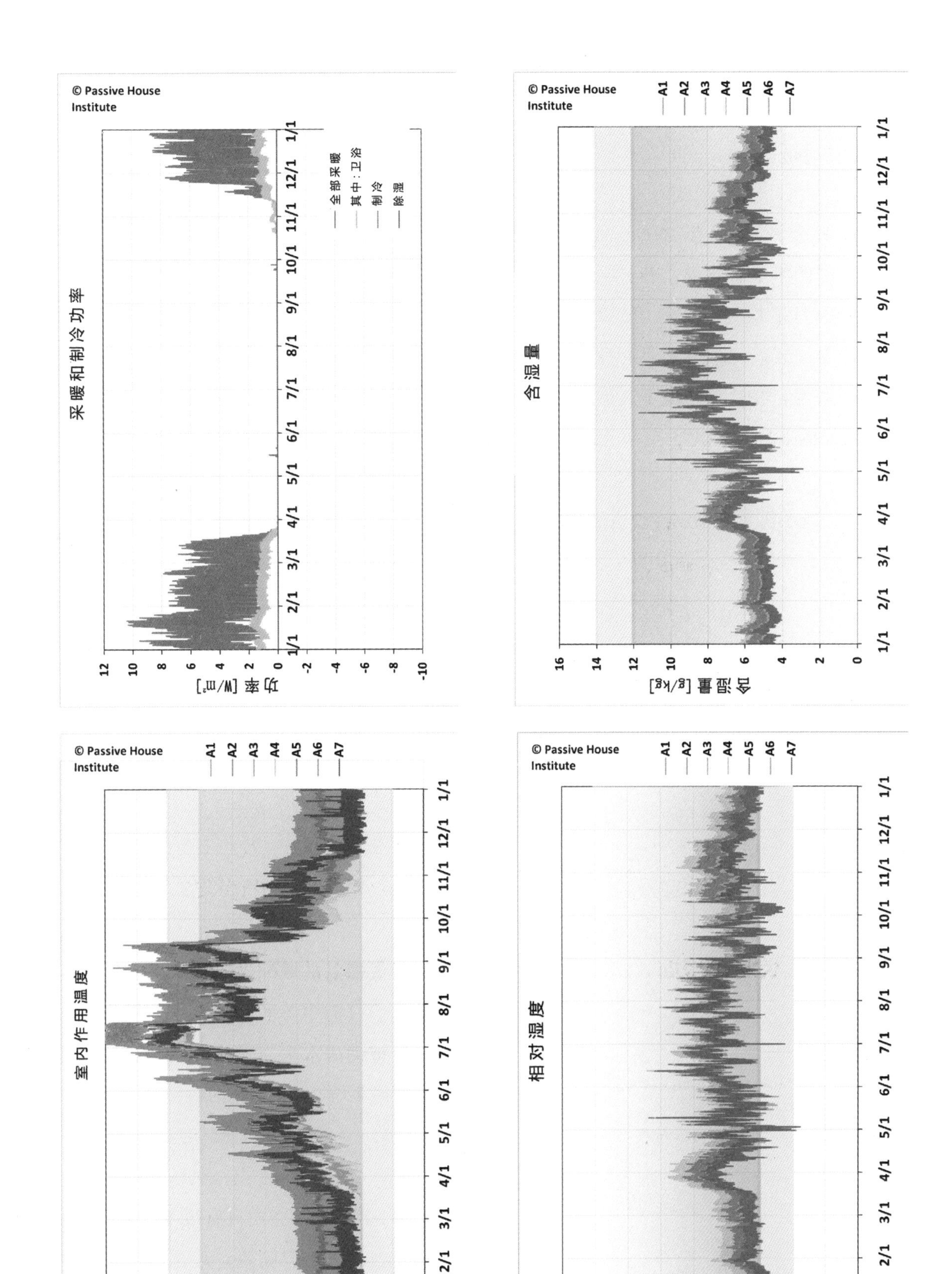

图41 温度、温湿调节功率、湿度，只通过送风进行温湿调节（研究地点08 乌鲁木齐，公寓A）

6.14　在研究地点09拉萨的参考被动房：寒冷气候区

6.14.1　气候特征

拉萨，号称“日光城”，以其3600m海拔和30°低纬度，属特殊的半干旱气候，有非常高水平的太阳辐射。冬季月平均气温降到0℃以下，零下10℃的温度经常出现。三层玻璃是必需的，以提供良好的热舒适性。在这种环境下，朝南建筑特别有助于实现降低采暖需求。

夏季温和干燥，既不需要主动制冷，也不用除湿。

6.14.2　参考被动房

研究地点 09 拉萨：参数	
外墙：U 值 典型保温层厚度	0.34W/（m^2K） 10cm
屋面：U 值 典型保温层厚度	0.18W/（m^2K） 20cm
底板：U 值 典型保温层厚度	0.52W/（m^2K） 6cm
屋面吸收系数	0.70
外墙吸收系数	0.60
窗框 U 值	0.80W/（m^2K）
玻璃 U 值 /g 值	0.70W/（m^2K） 0.50
活动遮阳	无
50Pa 压差下换气次数	$0.60h^{-1}$
热回收率	0.80
湿度回收率	0.60
夜间开窗通风	有 （换气次数 $n = 0.5h^{-1}$）
主动制冷	无
采暖	空气源热泵
制冷	无
除湿	无另加除湿机
家用热水	空气源热泵 + 太阳能热水器

三层低辐射玻璃配上隔热的窗框之外，参考被动房外墙只需中等的保温水平。气密性非常好，按一般被动房水平。带能量回收通风系统（全热交换新风系统），除了热回收率高，还可增加冬天的湿度。

北纬30°夏季南立面只有很少的太阳辐射。因为被动房大部分窗户朝南，甚至不需要活动遮阳。偶尔开窗就足以排除多余的热。

09 拉萨	
纬度	29.7°
经度	91.1°
海拔	3649 m

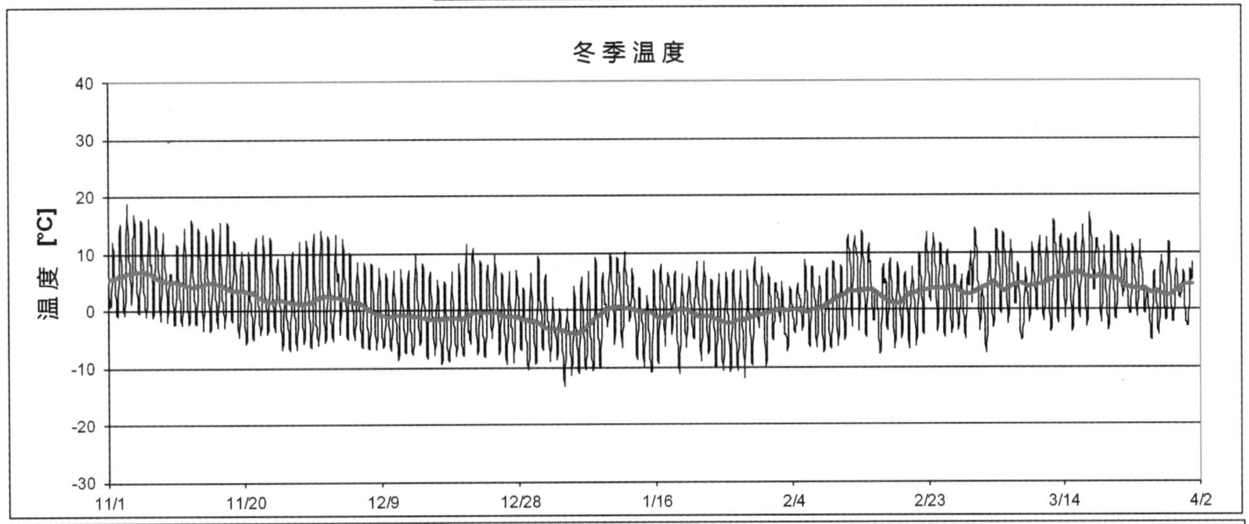

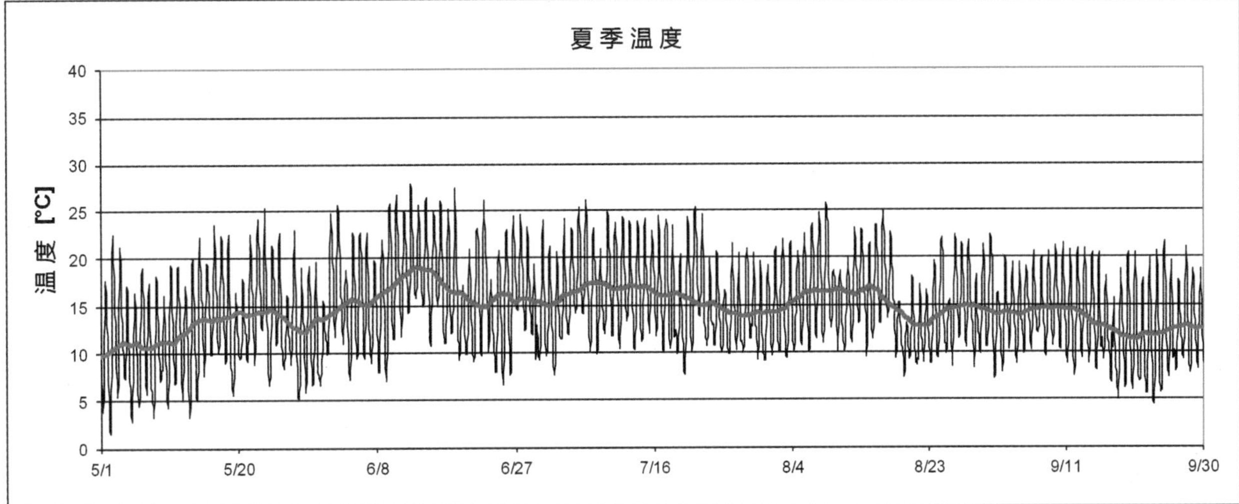

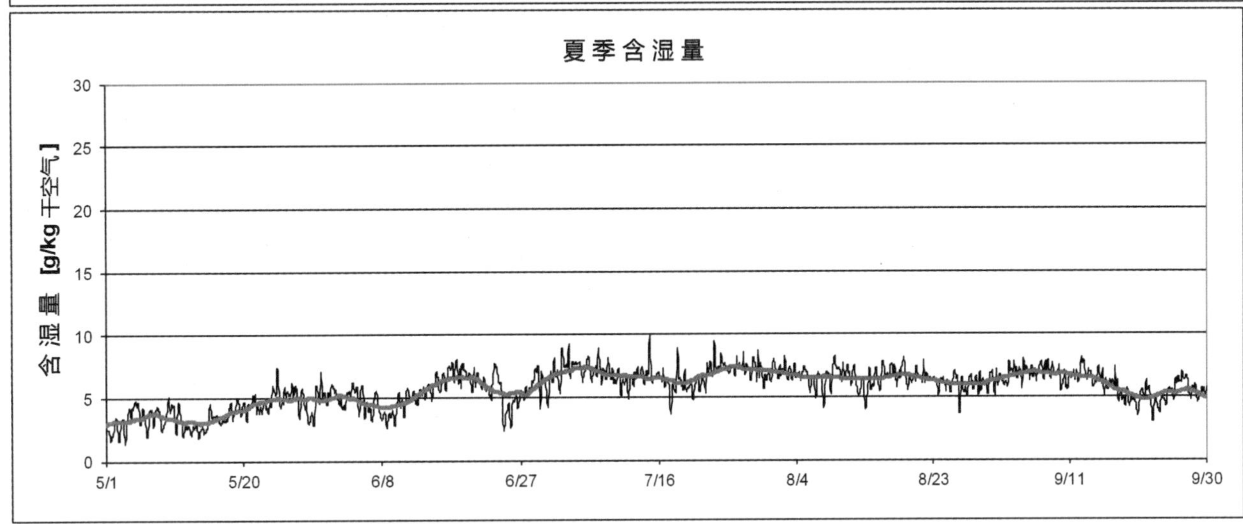

© Passivhaus Institut

图42 研究地点09拉萨的气候特征。粉红线代表一周的浮动平均值

6.14.3 结果

研究地点 09 拉萨	被动房	标准新建筑
使用采暖需求（20℃）[kWh/（m^2a）]	12.5	102.7
使用制冷需求（25℃）[kWh/（m^2a）]	0	0
使用除湿需求（12g/kg）[kWh/（m^2a）]	0	0
24 小时平均采暖负荷 [W/m^2]	5.3	29.6
24 小时平均制冷负荷 [W/m^2]	0	0
24 小时平均除湿负荷 [W/m^2]	0	0
最低月平均相对湿度 [%]	29%	14%
温度高于 25℃的超温频率 [占一年中的 %]	0%	0%
含湿量高于 12g/kg 的超温频率 [占一年中的 %]	0%	0%
采暖、制冷、除湿总能源需求 [kWh/（m^2a）]	11.1	102.6
可再生一次能源（PER）总需求 [kWh/（m^2a）]	37.9	215.4

上表中显示的使用能源需求、峰值负荷、湿度和超温频率，均由动态模拟计算得出；提供的能量和 PER（Primary Energy Renewable，可再生一次能源）由 PHPP 计算得出。PER 指可再生一次能源，即要完全满足建筑物内所有能源设备运行所需要提供的可再生能源总量，包括生活热水、照明、应用装置和其他家庭用电。PER 代表着一种未来全部由可再生能源供给能量的方案。标准新建筑的性能符合当前中国建筑规范要求。

从表中可以看出，该建筑物符合被动房要求：每日平均的采暖和制冷负荷明显低于 10W/m^2。

图 43 证实，对送风加热的方式，温度与湿度都很好地控制在舒适区间。浴室应另加热源以保持舒适温暖。厨房温度比其他房间高约 1.5K，因为内部热负荷的较高。当然，也可用地暖、混凝土芯调温系统，或类似的低温度循环液调温系统。这些与热泵相结合是有利的。

由于气候寒冷，必须用地源热泵，以达到较高的能效比，满足采暖需求。另一种选择是热电联产站，可以有效地满足采暖负荷。

使用能量回收通风系统（全热交换新风系统），室内相对湿度在冬天维持接近 30%。

表中标准新建筑是综合考虑现行新建住宅建筑设计标准 [JGJ26] 和 [DB54/0016] 计算得出的。由此可以看出，被动房比按现行标准建造的常规新建筑采暖需求减少 80% 以上。渗漏率高而没有能量回收通风系统的常规建筑冬天相对湿度会更低。

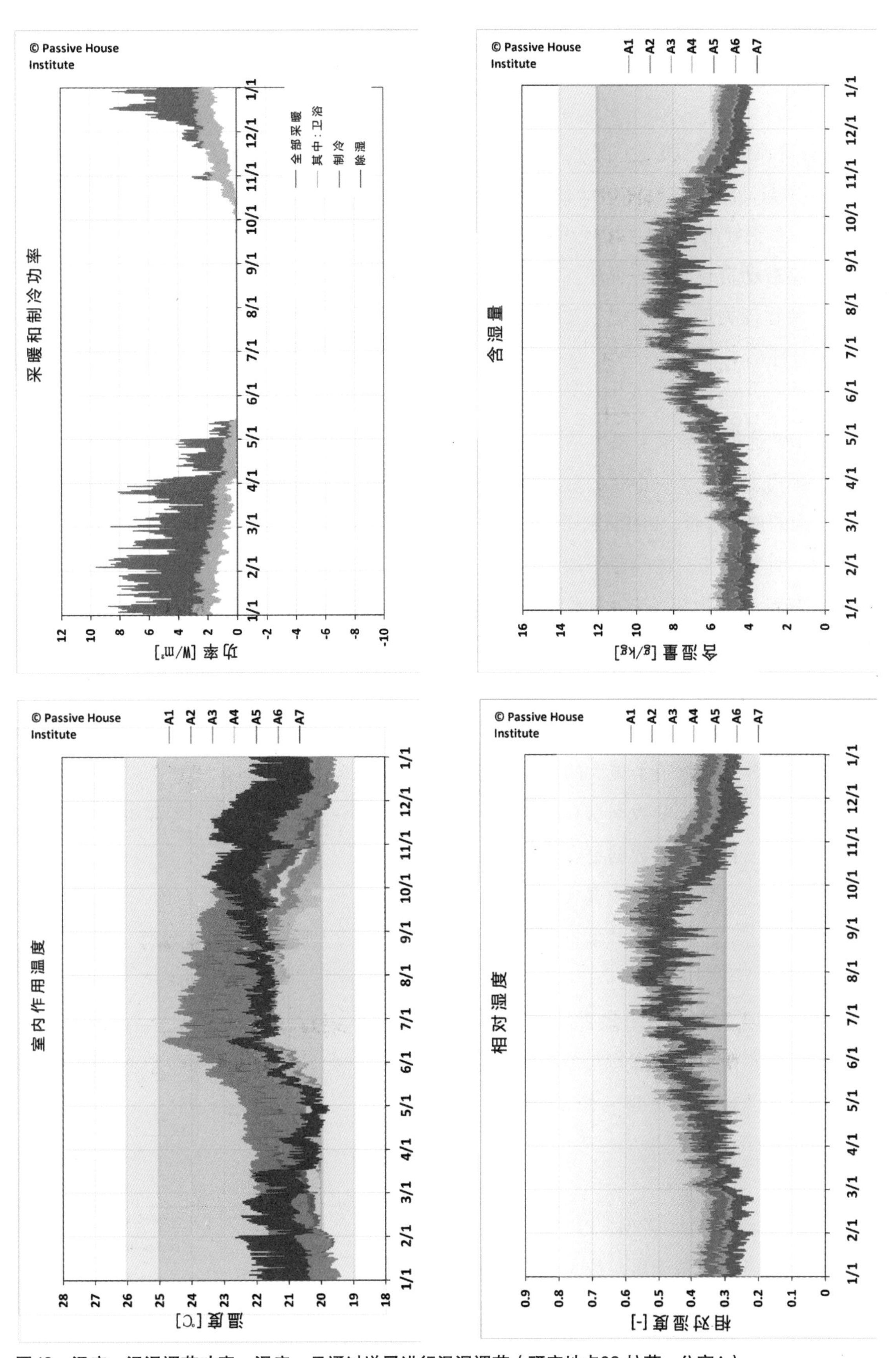

图43　温度、温湿调节功率、湿度，只通过送风进行温湿调节（研究地点09 拉萨，公寓A）

6.15 动态模拟和PHPP计算结果比较

对建筑物的能量流研究，动态（湿）热模拟是最重要的研究工具。在经过验证的计算工具中，DYNBIL 就是一个很好的例子，因为它是 1980 年代末开发第一座被动房时的核心程序。动态热模拟程序密切反映物理关系，并考虑了按时间推移的实际热传导过程。

相反的，像 PHPP 这样的能量平衡方法是另一种不同的方式。不需要用少于一小时的时间步长来分析热量和湿度的传递过程，PHPP 利用了能量和质量守恒定律，计算每个月的热流平衡，通过校准使用系数来解释动态效果。计算过程比动态模拟快得多。DYNBIL 是一个相当快的软件，视硬件不同，计算一个 18 个分区的参考建筑模型模拟需要 5 ~ 20 分钟。而 PHPP 计算峰值负荷和年需求量不到 1 秒。此外，它覆盖了更大的范围，包括家庭热水和电力，而输入的数据量只限于最主要的，架构更清楚。检查输入数据更容易，输入数据时更不容易犯错。因此，PHPP 是实际被动房设计所用的方法。

显然，比较两种计算方法的结果是否足够接近，是很有意义的。对本研究中考虑的九个地点的被动房和对应的标准新建筑，图 44 ~ 图 48 比较了最重要的计算结果。

以动态模拟为参考标准，可以看出，PHPP 呈现的年能源需求相当接近。对被动房，最大的偏差都在 3kWh/（m^2a）以内，在三部分中（采暖、制冷、除湿）都如此。PHPP（有意地）过高估计了峰值负荷。热负荷中最大差异达 $4W/m^2$，发生在晴朗的气候区昆明和拉萨。这是因为在估算可用太阳辐射时留有一定的安全余量。制冷负荷高估不超过 $3W/m^2$。考虑到气候条件每年不同，这些安全余量看来是适当的。

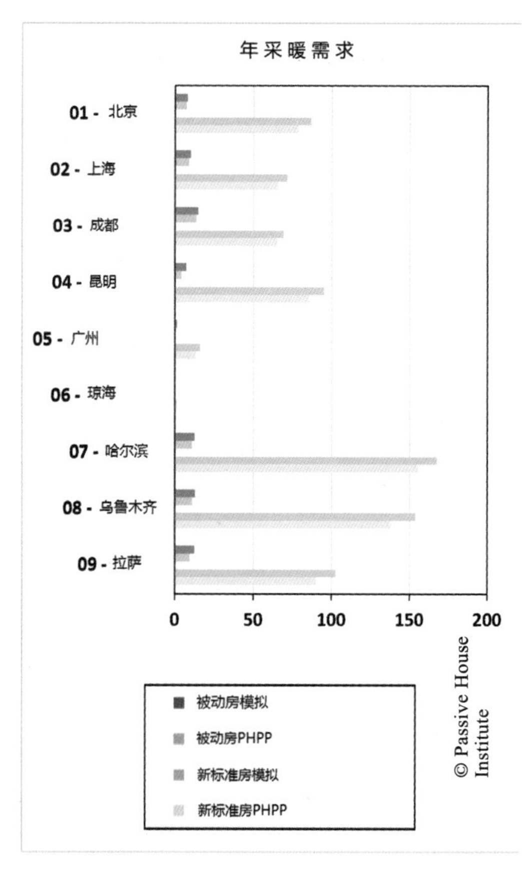

图44　年采暖需求

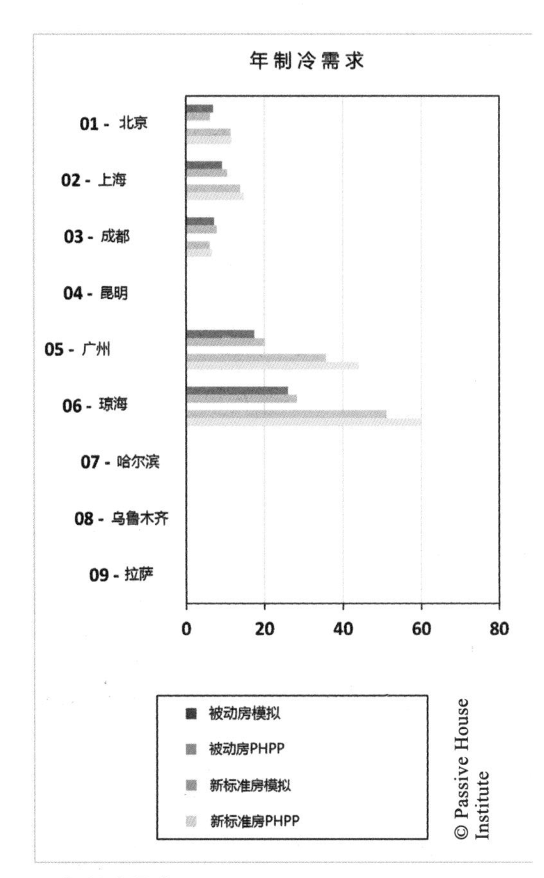

图45　年制冷需求

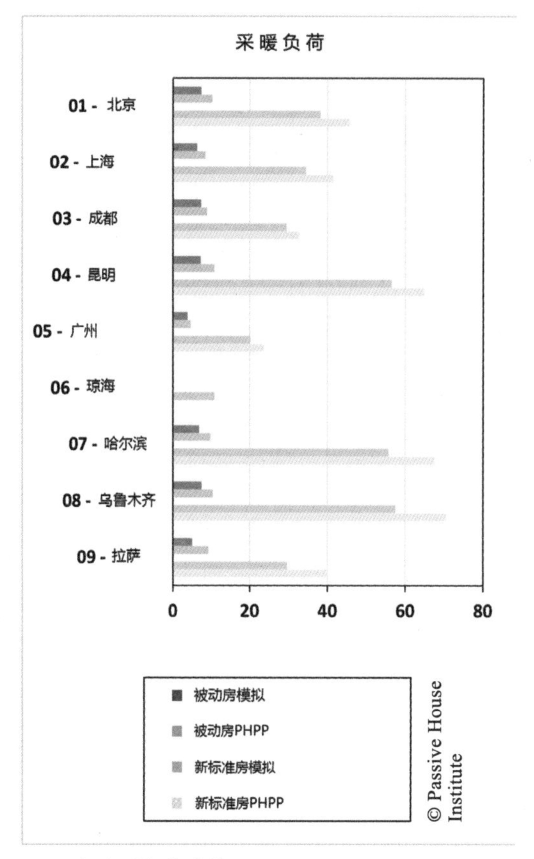

图47　日均采暖负荷峰值

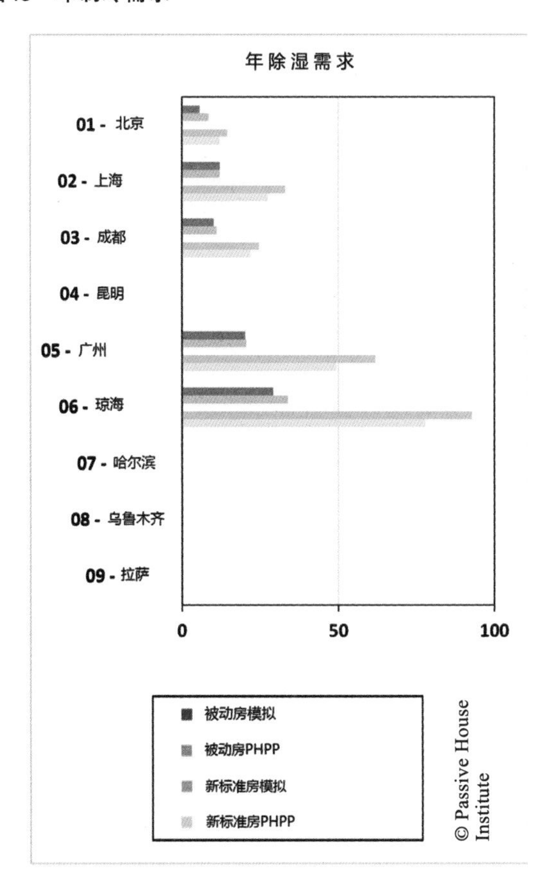

图46　年除湿需求

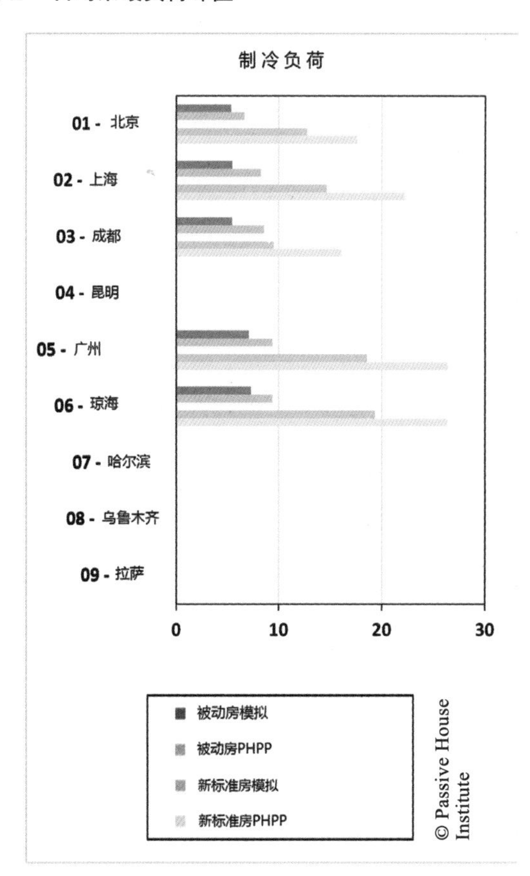

图48　日均制冷负荷峰值

7 湿热问题

在本研究的范围中，根据中国各种气候区外墙结构，对每个单独的材料层中水分的发展过程和其含量作了检验。研究了建筑物中的水分是否会逐年累积，湿度是否超过各材料的容许值。

在这里，特别是对矿物棉中液态水含量应进行严格查验。由于其纤维结构，矿物棉保留水分的能力很低。如果矿物棉层内产生液态水，滴水、渗水就会随之发生，这现象反复出现，就会导致建筑结构的损坏。液态水在矿物棉层的容许量上限为 150g/m²。

在温暖潮湿的气候中，冷凝水会发生在与较冷的混凝土墙的接触点上。在这种情况下，钢筋层附近会有较高的相对湿度水平。湿度的增加（相对湿度 >80%）会导致钢筋混凝土加速腐蚀。这必须避免。

对墙体各个组合层检查了以下参数：

- 数年时间的水分积聚；
- 所使用材料的水分含量（特别是矿物棉）；
- 钢筋附近的相对湿度。

7.1 严寒气候

7.1.1 被检验墙体的组成

选定哈尔滨作为严寒气候地点的例子。外墙保温层为厚 300mm 矿物棉或 EPS（WLG 040）。外表面为矿基抹灰和涂层。墙体材料是混凝土或砖石砌体，内侧抹灰（图 49）。

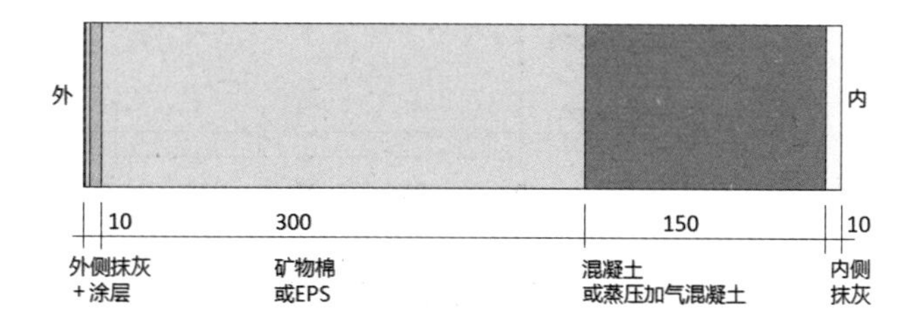

墙体组成从外向内	厚度	λ	s_d 值
	[mm]	[W/（mK）]	[m]
有机硅树脂漆 w 值 0.5kg/（$m^2h^{0.5}$）	1	--	0.01
矿基饰面抹灰	3	0.13	0.04
水泥粘结底层	7	0.55	0.08
矿物棉 EPS	300 300	0.04 0.04	0.3 29
钢筋混凝土 多孔混凝土	150 150	2.1 0.095	16.5 1.05
室内抹灰	10	0.3	0.26

图49 墙体组成和材料表，哈尔滨

7.1.2 湿热分析结果与建议

矿物棉或 EPS 外墙外保温应用在哈尔滨的寒冷气候中没有问题。尽管年降水量相对低，考虑到高风速，最好是使用防水涂料。涂料吸水系数 $w \leqslant 0.5kg/(m^2h^{0.5})$。在这种情况下，两种墙体材料和两种保温材料的结果如下：

- 多年后无积水；
- 矿物棉中液态水含量不足为虑；
- 建筑结构钢材腐蚀的风险没有增加 。

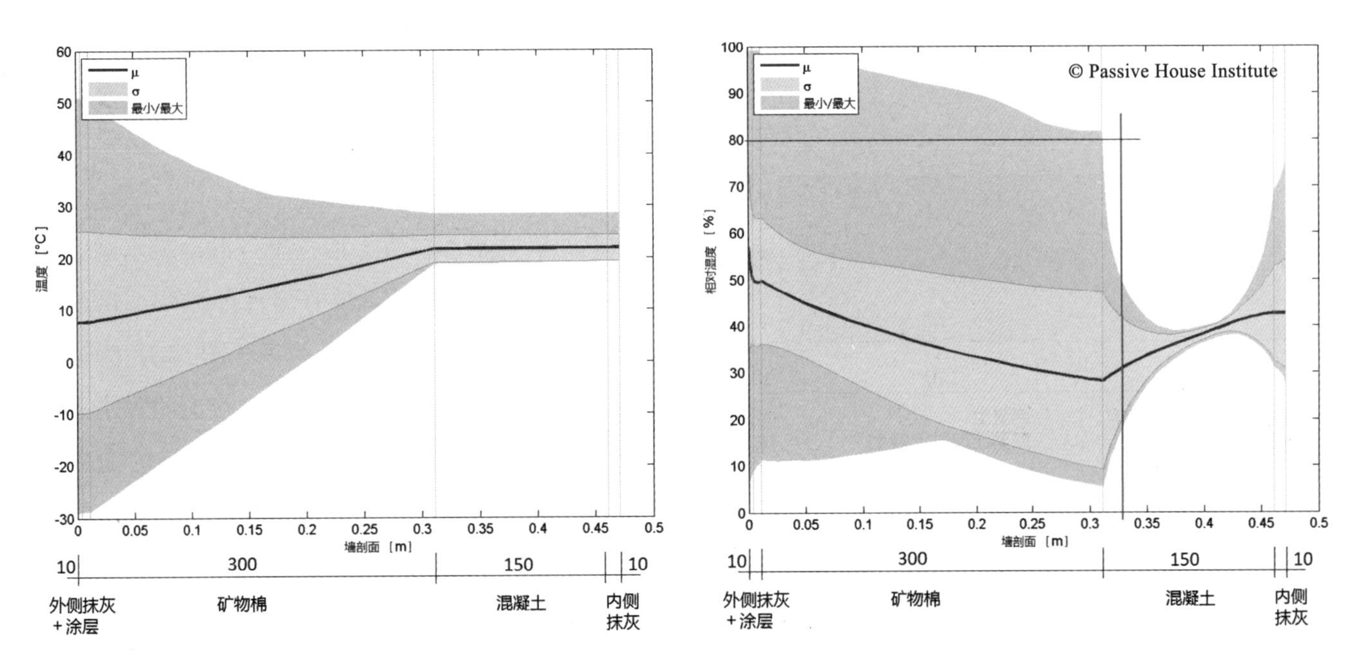

图50 建筑构件截面在模拟时间中最后一年（第10年）的温度（左）和相对湿度（右）。方案：钢筋混凝土墙和矿物棉保温层。所示为平均值（深蓝色线），2/3时间（标准偏差σ）内发生的值（紫色），以及最小和最大值（浅蓝色）。红线表示外层钢筋在钢筋混凝土截面中的位置

7.2 夏热冬冷气候

7.2.1 被检验的墙体组成

夏天温暖潮湿冬天寒冷，上海是这种气候类型的典型例子。墙体组成包括 150 mm 厚矿物棉或 EPS 保温层（WLG 040）。外表面为矿基外墙抹灰和涂层。墙体材料是混凝土或砖石砌体，内面抹灰（图 51）。

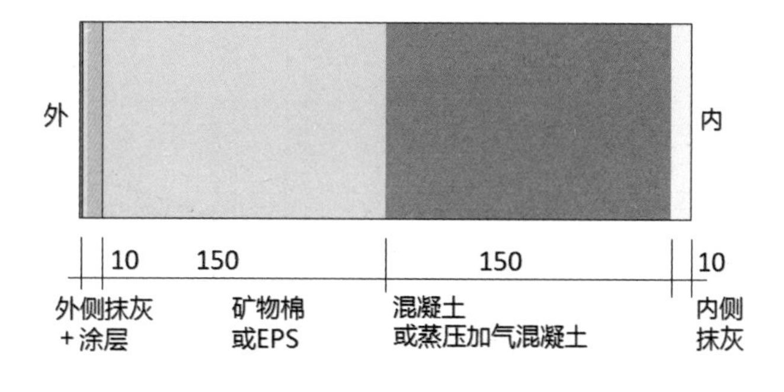

墙体组成从外向内	厚度	λ	s_d 值
	[mm]	[W/(mK)]	[m]
有机硅树脂漆 w 值 0.2kg/（$m^2h^{0.5}$）	1	--	0.01
矿基装饰抹灰	3	0.13	0.04
水泥粘结底层	7	0.55	0.08
矿物棉 EPS	150 150	0.04 0.04	0.3 29
钢筋混凝土 多孔混凝土	150 150	2.1 0.095	16.5 1.05
室内抹灰	10	0.3	0.26

图 51 墙体组成和材料表，上海

7.2.2 湿热分析结果与建议

炎热潮湿的夏季导致水蒸气压力梯度逆转，变成从外朝内。水分迅速通过保温层扩散，并凝结在较冷的混凝土壁面，特别在使用矿物棉的情况下。这会造成两个麻烦：如果冷凝水的量超过矿物棉的持水能力，水就会排出且有损坏结构的风险。相邻的混凝土墙可以吸收一部分冷凝水。然而，围绕着钢筋的部分水分含量也将随之增高。频繁、连续超过 80% 的相对湿度是钢筋混凝土加速腐蚀的指标。

如果在矿物棉和混凝土墙接触点的冷凝水减少到小于 150g/m^2，那么既没有滴水的风险，钢筋附近的相对湿度水平也不足为害（图 52）。为达到这一点，外表面必须高度防水，对应的吸水系数 $w \leqslant 0.2$kg/（$m^2h^{0.5}$）。使用疏水硅树脂的涂料可以满足这个要求。涂料同时必须特别容许水蒸气渗透扩散，以让湿气朝外发散，干燥。外墙涂料的 s_d 值（水蒸气扩散等效空气层厚度）不应超过 0.01m。

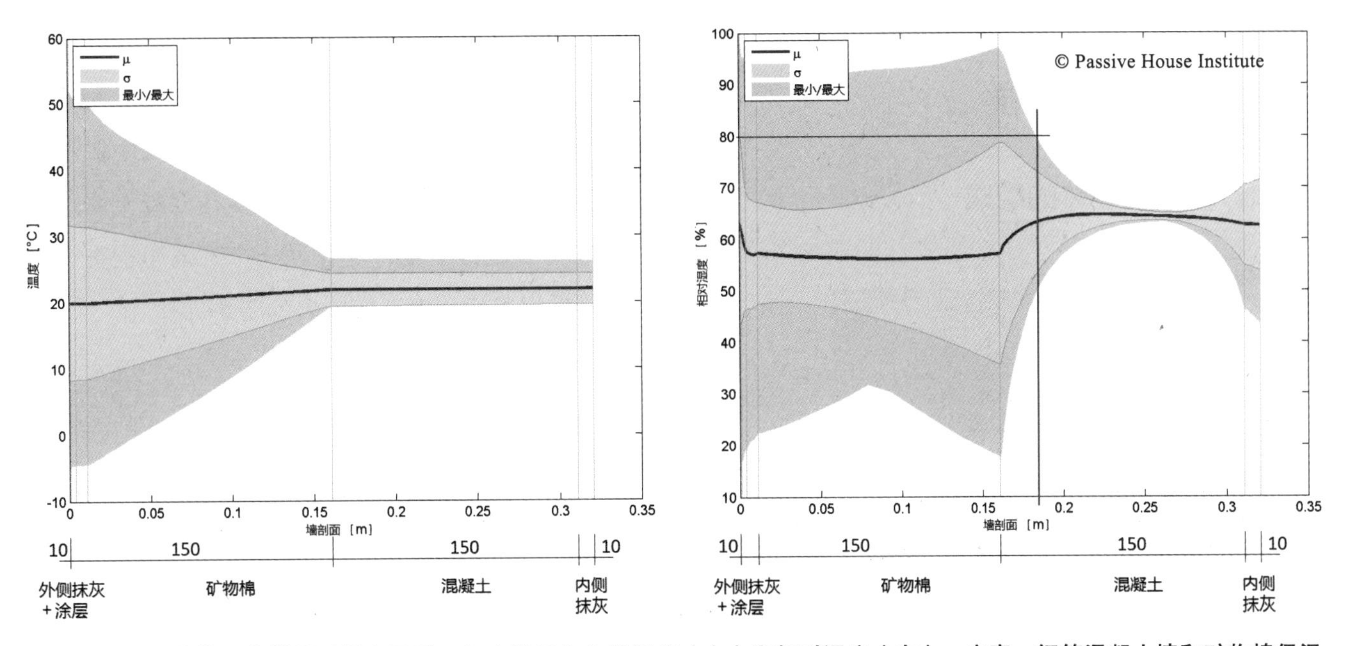

图52 建筑构件截面在模拟时间中最后一年（第10年）的温度（左）和相对湿度（右）。方案：钢筋混凝土墙和矿物棉保温层。所示为平均值（深蓝色线），2/3时间（标准偏差σ）内发生的值（紫色），以及最小和最大值（浅蓝色）。红线表示外层钢筋在钢筋混凝土截面中的位置

在使用 EPS 的方案中，冷凝水不会在建筑构件的截面中出现。围绕钢筋的相对湿度水平与使用矿物棉的方案相比明显低很多（图 53）。

使用矿物棉和多孔混凝土的方案中，墙面不会有冷凝水。以下几点适用于此处显示的方案：

- 多年后无积水；
- 矿物棉中液态水含量不足为虑；
- 建筑结构钢材腐蚀的风险没有增加。

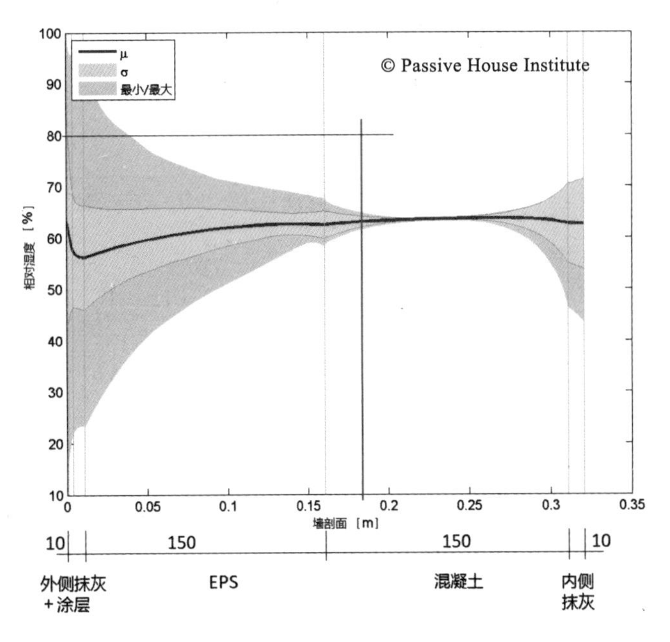

图53 建筑构件横截面在模拟时间中最后一年（第10年）的相对湿度。方案：钢筋混凝土墙和EPS保温层。颜色标示法与图52相同

7.3　夏热冬暖气候

7.3.1　被检验墙体的组成

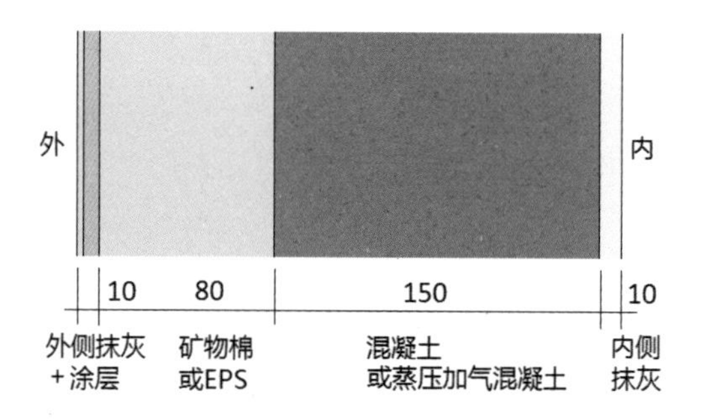

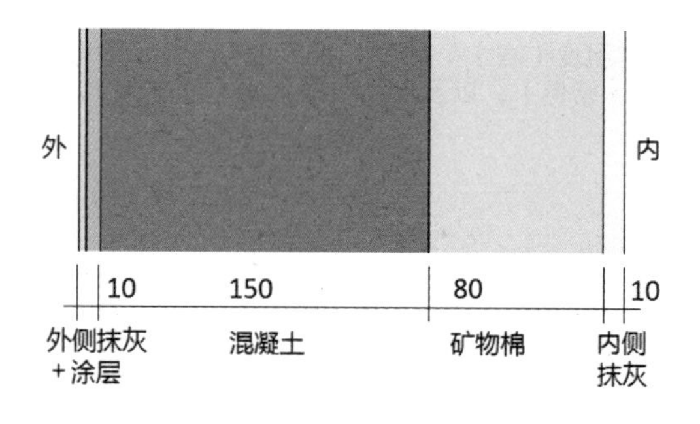

墙体组成从外向内	厚度	λ	s_d 值
	[mm]	[W/（mK）]	[m]
有机硅树脂漆 w 值 0.1kg/（$m^2h^{0.5}$）	1	--	0.01
矿基装饰抹灰	3	0.13	0.04
水泥粘结底层	7	0.55	0.08
矿物棉 *） EPS*）	80 80	0.04 0.04	0.3 29
钢筋混凝土 *） 多孔混凝土 *）	150 150	2.1 0.095	16.5 1.05
室内抹灰	10	0.3	0.26

图 54　墙体组成和材料表，广州。*）内保温方案中，矿物棉或EPS保温层和钢筋混凝土或砖石层内外位置对调

广州被选为夏热冬暖气候的参考地点。这里，室外周平均温度在 10 ~ 30℃之间。必要的矿物棉或 EPS 保温层减小至 80mm 厚。外保温或内保温都可行。对混凝土墙和替代方案多孔混凝土墙作为墙体材料进行了检查。在另一个方案中检查了高红外反射率隔热涂料的影响（图 54）。

7.3.2　湿热分析结果与建议

夏热冬暖气候给外保温矿物棉墙体带来了特殊的挑战。室外空气湿度水平高，外表面的结露和高降雨量造成从外向内的强大蒸汽压力梯度。极耐水的外墙面才能将外保温层和钢筋混凝土墙交界面的水分含量降至安全值。这里推荐吸水系数 w ≤ 0.1kg/（$m^2h^{0.5}$）的外墙涂料。同时，涂料的 s_d 值（水蒸气扩散等效空气层厚度）必须小于 0.01m。

估算围绕钢筋部分的相对湿度显示，使用矿物棉保温的方案中，经常超过 80% 的允许范围。在这种情况下，钢筋的加速腐蚀不可忽视（图 55）。与此相反，使用矿物棉内保温的方案显示钢筋混凝土附近的湿气水平全无危险（图 56）。

使用高红外反射率隔热涂料可显著降低矿物棉外保温外部与钢筋混凝土墙的交界面的冷凝水。由于凝结滴水导致建筑结构损坏的潜在风险减少了。但是，钢筋加速腐蚀的危险依然没有改善。

使用 EPS 外保温的方案显示，既不会在混凝土墙面形成冷凝水，也不会有过多的混凝土含水量。

以相同的方式，用矿物棉保温层和多孔混凝土砌体的方案也不会有冷凝水。

另一种方法是在钢筋混凝土结构上作矿物棉内保温。在保温层和混凝土之间的接触点不会达到冷凝水临界点。钢筋混凝土横截面的相对湿度小于 80% 的上限（图 56）。在钢筋混凝土和内保温之间的接触点的相对湿度的最大值略低于 90%。更详细的检查也没有发现会造成问题的霉菌生长的风险，这是因为较高的湿度水平只发生在短时间内。

对相应的疏水外墙可作成如下总结：

- 每一种方案，多年后均无积水；
- 每一种方案，矿物棉中液态水含量不足为虑；
- 矿物棉外保温和混凝土墙组合的方案会造成钢筋加速腐蚀；
- 在矿物棉内保温的方案中没有霉菌生长的风险。

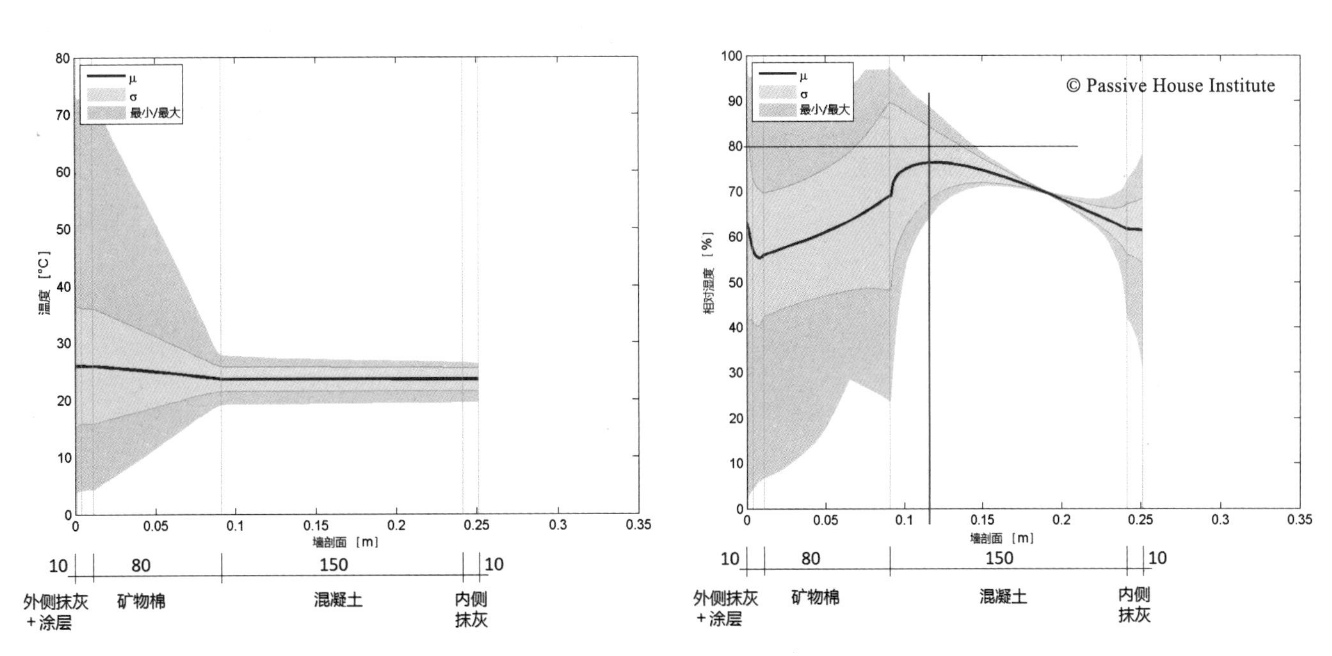

图55　建筑构件截面在模拟时间中最后一年（第10年）的温度（左）和相对湿度（右）。方案：钢筋混凝土墙和矿物棉外保温层。所示为平均值（深蓝色线），2/3时间（标准偏差σ）内发生的值（紫色），以及最小和最大值（浅蓝色）。红线表示外层钢筋在钢筋混凝土截面中的位置

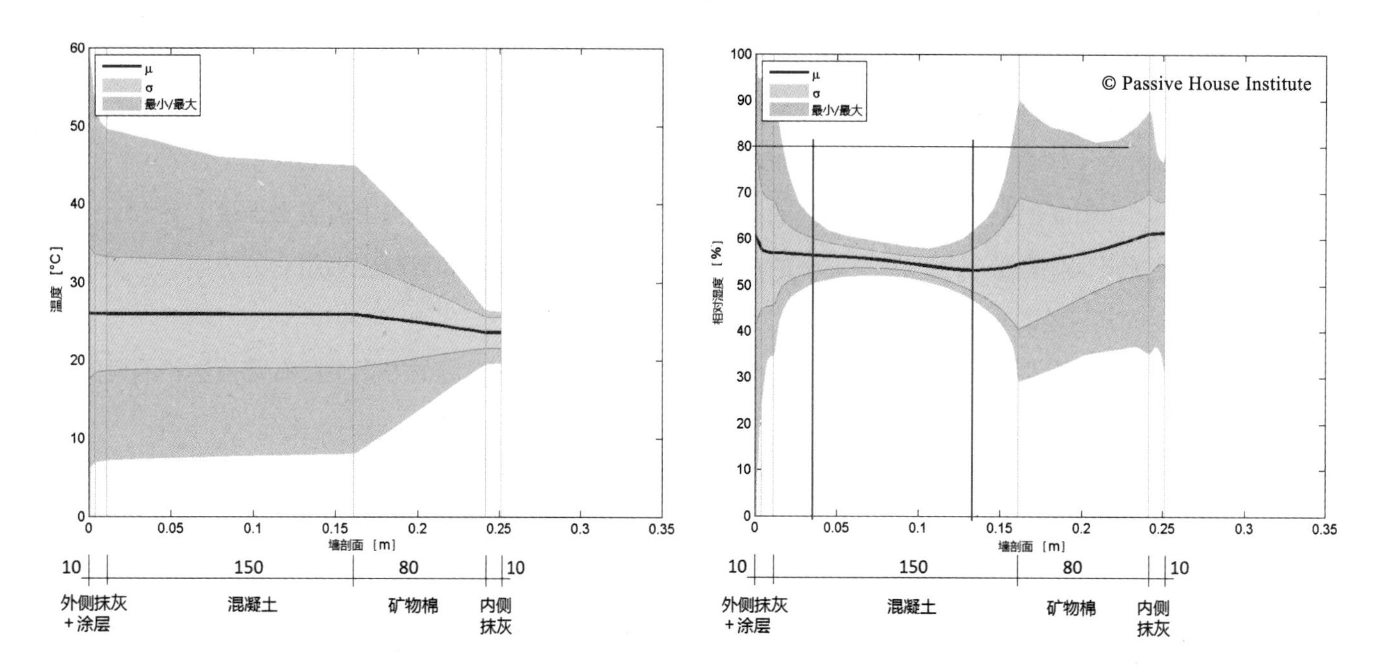

图56　建筑构件截面在模拟时间中最后一年（第10年）的温度（左）和相对湿度（右）。方案：钢筋混凝土墙和矿物棉内保温层。所示为平均值（深蓝色线），2/3时间（标准偏差σ）内发生的值（紫色），以及最小和最大值（浅蓝色）。红线表示外层钢筋在钢筋混凝土截面中的位置

7.4 结果一览表与建议

	对外墙的建议		数年后累积的水分	保温层和混凝土或砖石墙之间的冷凝水极限值 150g/m^2	钢筋腐蚀增加
	w- 值 [kg/（$m^2h^{0.5}$）]	sd 值 [m]			
严寒气候：哈尔滨					
矿物棉 + 钢筋混凝土	0.5	0.01	无	--	无
矿物棉 + 多孔混凝土	0.5	0.01	无	--	无
EPS + 钢筋混凝土	0.5	0.01	无	--	无
夏热冬冷气候：上海					
矿物棉 + 钢筋混凝土	0.2	0.01	无	30	无
矿物棉 + 多孔混凝土	0.2	0.01	无	--	无
EPS + 钢筋混凝土	0.2	0.01	无	--	无
夏热冬暖气候：广州					
矿物棉 + 钢筋混凝土	0.1	0.01	无	145	有
矿物棉 + 钢筋混凝土 + 高红外反射率隔热涂料	0.1	0.01	无	80	有
矿物棉内保温 + 钢筋混凝土	0.1	0.01	无	--	无
矿物棉 + 多孔混凝土	0.1	0.01	无	--	无
EPS + 钢筋混凝土	0.1	0.01	无	--	无

8 用于中国市场的被动房组件

被动房非常节能，需要高效节能的组件。这涉及所有热围护结构，即墙、屋面、底板、地下室顶板、特别是窗。大多数中国气候区都应使用带热回收的机械通风——通常为能量回收（全热交换）通风系统。适当的主动系统是必要的，以满足剩余的小量采暖、制冷和除湿需求。

特定组件在被动房上的适用性可经被动房研究所认证。只要满足一定要求（都是按明确界定的标准给出的），就可以颁发证书。证书为设计者提供了经独立测试的组件特性，便于就不同产品进行比较，也包含作 PHPP 能量平衡计算时需要的产品数据。

以下各节总结了在中国各气候区对被动房组件因气候而异的不同要求。关于被动房组件认证，网页 www.passivehouse.com 中有为所有气候区的被动房组件认证的详细标准。

8.1 墙，屋面，底板

墙，屋面，或其他类似建筑构件与节能有关的主要特性是其传热系数 U 值。其他性质都是次要的，例如热质量或通风面层。下表给出中国五大气候区 U 值和保温层厚度的大致参考值：

气候区	U 值 [W/（m^2K）]	保温层厚度 [k = 0.04W/（mK）] [cm]
严寒	< 0.1 ~ 0.15	25 ~ 40
寒冷	0.15 ~ 0.25	15 ~ 25
夏热冬冷	0.2 ~ 0.4	8 ~ 18
温和	0.2 ~ 0.5	6 ~ 18
夏热冬暖	0.25 ~ 0.5	6 ~ 15

使用完善的整套结构系统会很有帮助。这些系统提供了对所有相关建筑构件节点的解决方案，例如窗户安装，墙与墙，墙与屋顶的连接。这些节点都要保持气密，理想情况下无热桥。www.passivehouse.com 中列出了所有经认证的结构系统及其属性。

中国大部分地区的夏季都很潮湿，这构成对外围护构件的结构中湿度平衡的挑战。在严寒或寒冷的气候条件下在结构的内侧铺设阻汽层就足够了。阻汽层必须气密才能有效，因此它可同时当作气密层。于夏热冬暖气候区，阻汽层应设于建筑物外围护的外部，使墙与屋顶结构连接到干燥的室内。在夏热冬冷地区，一年之内水蒸气的移动方向会改变。在这里，必须对湿度平衡特别关注（参见本报告 7.2 节）。

8.2 窗

窗是热围护结构的关键组成部分：窗的质量决定了建筑热损失的大部分（一般在 50% 左右），以及太阳得热的绝大部分。

各气候区对窗的质量要求显著不同。最需关注的是严寒和寒冷气候区，玻璃和窗框的低 U 值，是最重要的性能。市场上有许多三层玻璃和配套窗框的产品。

在另一方面，夏热冬暖气候条件下，窗应具有高透光率 τ_v，但太阳得热系数 g 值要低。在这些气候区，所谓玻璃选择性（即透光率和 g 值之比）应尽可能高。如果想用大窗，理想的 g 值可低至 10%。

无论何种气候，被动房的透明组件必须满足以下要求：

足够低的 U 值，以避免室内表面的霉菌生长风险，避免由于吹风感和低辐射温度引起不适。

对于垂直窗户被动房研究所设定了最大 U 值（玻璃 + 窗框 + 玻璃边缘）。太阳得热系数仅为建议。详见 www.passivehouse.com。

气候区	整体 U 值 [W/（m²K）]	玻璃 g 值 [-]
严寒	0.6	> 0.5
寒冷	0.8	> 0.5
夏热冬冷	1.0	-
夏热冬暖	1.2	< 0.35
温和	1.2	-

8.3 通风设备

带热回收的机械通风系统可为每个房间提供良好的室内空气品质和高舒适度，而不需要用户打开窗户。研究发现，高效设备的生命周期成本才是最低的。与高效设备获得的能源节约相比，为改善热交换而付出的额外成本很小。通常使用逆流板热交换器，带或不带湿度回收。有时使用转轮式热回收。单一交叉流热交换器的效率不能满足被动房。

评估被动房所用的通风单元的质量是很复杂的工作。有效热回收率必须在正确的条件下测量，例如排风和新风流入的流量应该平衡。不幸的是许多国际测试标准会产生误导性的结果数值。因为这些标准并没有反映出设备在真实建筑物之内的表现，以及相对应的能量平衡计算。噪声低，泄漏小，风扇高效，也都是重要的性能指标。被动房研究所为认证定义了一套对热回收通风系统 / 能量回收（全热交换）通风系统的测试流程，参见 www.passivehouse.com。

在寒冷气候区，需要约 90% 热回收和 60% 湿回收的全热回收通风系统。不乏符合要求，热效益很高的产品，但这些只是热回收系统。如果加上湿度回收，热回收常会降低。这些组件还需进一步改良，这是有待开发的一个领域。

对寒冷气候区，高能效的防冻功能也很重要。廉价简单的办法是在室外新风管中加电热器。但这不能普遍适用于所有设备或所有气候。电热器一年内只有少数几天需要启动。有些能量回收（全热交换）通风系统，例如转轮系统，在 –20℃以上都不需要防冻。对其他系统，周期性的冻结与解冻是可考虑的选项。中国的气候一般还足够温暖，使“土壤到空气”（地埋新风管）或“土壤到盐水”（地埋防冻盐水管）的地下热交换器可以对室外空气提供足够的预热，以将额外的电预热需求降到最低。

8.4 集成空调系统

在大多数中国气候条件下都需要一定数量的主动制冷。对被动房亦然。在这些情况下，空调系统通常要承担以下任务：

- 通过高效的能量回收（全热交换）通风的手段降低显热和潜热通风负荷；
- 以月 1000W 的峰值制冷容量和一般每户 500W 制冷容量提供显热制冷；
- 为潜热制冷提供类似或更高的制冷设备容量。即，系统必须能够在显热比 SHR < 0.5（ε < 5000kJ/kg）下运行；
- 在一户内分配制冷和除湿设备容量；
- 也可能制备家用热水。

两种方法被认为是比较有效的：各户安装的送风制冷和中央小型分体机单元。

实践中显示，将维持良好室内空气品质所需的新风加热到 50℃，可以让被动房保持温暖。以 $0.4h^{-1}$ 换气次数计，将提供 $10W/m^2$ 供暖能力，符合被动房的要求。无需任何额外投资，保温的风管系统可将新鲜空气和热量分配到所有房间，浴室可能是唯一例外。

现在，将送风降温至 5℃或略低是可以实现的。这将提供约 $6W/m^2$ 的制冷能力。被动房的制冷负荷峰值约为上述数值的两倍高，因此，可以加入

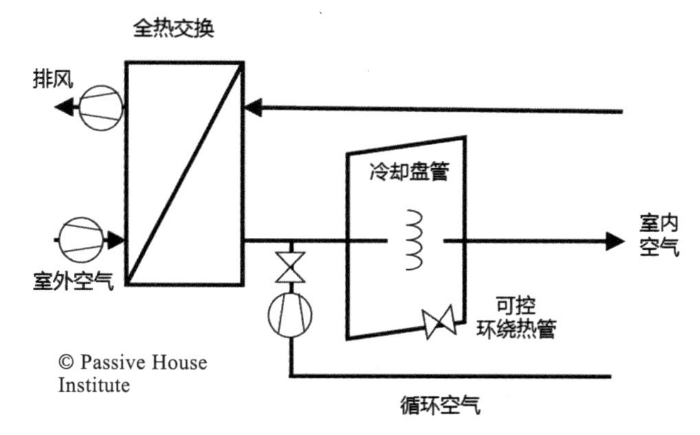

图57 被动房的中央通风设备，可集成能量回收通风系统（全热交换新风系统）、加热、制冷和除湿。送风风扇也可以合并为只用制冷盘管后端一个风扇。在这两种情况下，室外新风和排风的平衡都必须保证

100% ~ 200% 的室内循环风通过盘管，最好只在制冷负荷较高的时段（图 57）。

冷空气的分配也同样依赖通风管道，此时管道必须保温以免产生冷凝水。市场上已有可对送风制冷至 0℃（！）的适宜末端装置，但竞争还太少。

优化建筑围护结构以减少显热制冷负荷是相对容易的。潜热负荷则难以降低，所以被动房的显热比可能非常低。而标准系统的典型显热比大于 0.65。在适量显热降温的同时不能提供足够的除湿；单一盘管在 25℃ /60% 循环风中的理论极限是显热比 = 0.54。环绕式热管或利用压缩机废热（不是直接电加热！）的再加热盘管，可以作为补充。

制热和制冷可通过常规小型分体机的室外单元提供。须指出，目前最小的常规风管式变频小型分体机在负荷约 1000 W 以下时开始反复启停模式。针对被动房需要较小的新型热泵。

既然有了热泵，该系统还可以提供家用热水。

这种集成系统的总效率不见得比高级小型分体机

差多少。

对于较大的建筑物有另一替代方案：可通过中央冷却器或社区集中供暖/制冷系统提供采暖制冷。在集成空调系统中的盘管使用热水或冷水作为冷媒。

安装在住宅中央房间的小型分体机是第二个选项。这种方法在单层住宅效果很好（多层楼房则须两个单元，最高和最低层各一），只要用户愿意至少在一天中部分时间保持内部房间门敞开。

或者也可以在室内房间门的上方加装主动溢流装置，可交换两侧气流约 300 m^3/h。这种组件还有待继续发展。它们必须满足隔音、电效率、吹风感等要求，且只在房门关闭时运行。通过它们不只输送热量或冷量，也输送新鲜空气。所以可以降低可观的机械通风热回收的风管道成本。

此外，内部的被动式再加热方法可以提高除湿性能，对大多数中国气候条件都是理想的办法。加一个独立除湿机作为小型分体机的补充是另一选项。

9 参考文献

1. [AkkP 2012] Energieeffiziente Kantinen und Gewerbeküchen; Protokollband des Arbeitskreises kostengünstige Passivhäuser Phase V, Passive House Institute, 2012.

2. [ASHRAE 55] ANSI/ASHRAE Standard 55-2013: Thermal Environmental Conditions for Human Occupancy. Atlanta: American Society of Heating, Refrigerating and Air-Conditioning Engineers.

3. [CSWD 2005] 中国建筑热环境分析专用气象数据集，中国气象局气象信息中心气象资料室，清华大学建筑技术科学系主编，中国建筑工业出版社 2005 年 4 月 .

4. [DB11/891] 北京市居住建筑节能设计标准 DB11/891-2012.

5. [DB23/1270] 黑龙江省居住建筑节能 65% 设计标准 DB23/1270-2008.

6. [DB51/5027] 四川省居住建筑节能设计标准 DB51/5027-2012.

7. [DB54/0016] 西藏自治区地方标准 - 居民建筑节能设计标准 DB54/0016-2007.

8. [DBJ15-50] 广东省居住建筑节能设计实施细则 DBJ15-50-2006.

9. [DBJ53/T-39] 云南省民用建筑节能设计标准 DBJ53/T-39-2011.

10. [DGJ08-205] 上海市工程建设规范居住建筑节能设计标准 DGJ08-205-2011.

11. [Energy and Buildings 2002] Energy and Buildings Volume 34, Number 6, Special Issue on Thermal Comfort Standards, Elsevier, July 2002.

12. [Feist 1994] Feist, Wolfgang und Johannes Werner: Energiekennwerte im Passivhaus Darmstadt: 11,9（Heizung）+ 6,1（Warmwasser）+ 2,6（Kochgas）+ 11,2（Gesamtstrom）kWh/（m^2a）. Passivhaus-Bericht Nr. 4; Institut Wohnen und Umwelt; Darmstadt, September 1994.

13. [Feist 1999] Feist, Wolfgang: Vergleich von Messung und Simulation, In: Arbeitskreis Kostengünstige Passivhäuser, Protokollband Nr. 5, Energiebilanz und Temperaturverhalten, Passivhaus Institut, Darmstadt, June 1999.

14. [Feist 2005] Feist, Wolfgang, Søren Peper, Oliver Kah, and Matthias von Oesen: Climate Neutral Passive House Estate in Hannover-Kronsberg: Construction and Measurement Results. PEP Project Information No. 1, Darmstadt, Passivhaus Institut 2005. Available from www.passivhaustagung.de/zehnte/englisch/texte/PEP-Info1_Passive_Houses_Kronsberg.pdf.

15. [Feist 2005a] Feist, Wolfgang: Heizlast in Passivhäusern – Validierung durch Messungen, Endbericht. IEA SHC TASK 28 / ECBCS ANNEX 38, Darmstadt, Passivhaus Institut, Juni 2005.

16. [Feist 2011] Feist, Wolfgang（Ed.）: Passive Houses for different climate zones. Passivhaus Institut, Darmstadt, November 2011.

17. [Feist 2013] Feist, Wolfgang（Ed.）: Passive Houses in tropical climates. Darmstadt, Passivhaus Institut 2013. Excerpts published on http://passipedia.org/basics/passive_houses_in_different_climates/passive_house_in_tropical_climates.

18. [Feist 2015] Feist, Wolfgang（Ed.）: Passi-vhäuser in verschiedenen chinesischen Klimata. Study carried out at the Passive House Institute on behalf of Schöberl

& Pöll GmbH, Wien. Passivhaus Institut, Darmstadt, October 2015（unpublished）.

19. [GB50736] 民用建筑供暖通风与空气调节设计规范 GB50736-2012.

20. [GBPN 2012] Bin, Shui, Li Jun et al., Building Energy Efficiency Policies In China, Report on behalf of the Global Buildings Performance Network, July 2012. www.gbpn.org/sites/default/files/08. China Report_0.pdf.

21. [ISO 7730] DIN EN ISO 7730:2006-05, Ergonomics of the thermal environment - Analytical determination and interpretation of thermal comfort using calculation of the PMV and PPD indices and local thermal comfort criteria（ISO 7730:2005）.

22. [JDJ01] 海南省居住建筑节能设计标准 JDJ01-2005.

23. [JGJ26] 严寒和寒冷地区居住建筑节能设计标准 JGJ26-2010.

24. [JGJ75] 夏热冬暖地区居住建筑节能设计标准 JGJ75-2012.

25. [JGJ134] 夏热冬冷地区居住建筑节能设计标准 JGJ134-2010.

26. [Kaufmann 2001] Kaufmann, Berthold, Wolfgang Feist: Vergleich von Messung und Simulation am Beispiel eines Passivhauses in Hannover-Kronsberg. CEPHEUS-Projektinformation Nr. 21, Passivhaus Institut, Darmstadt, June 2001.

27. [Pfluger 2001] Pfluger, Rainer and Wolfgang Feist: Meßtechnische Untersuchung und Auswertung; Kostengünstiger Passivhaus-Geschoßwohnungsbau in Kassel Marbachshöhe. CEPHEUS-Projektinformation Nr. 15, Fachinformation PHI-2001/2, Darmstadt, Passive House Institute, June 2001.

28. [PHPP] Feist, Wolfgang（Ed）: Passive House Planning Package, Specifications for Quality Approved Passive Houses, Darmstadt, Passive House Institute, 1998 - 2015.

29. [Schnieders 2001] Schnieders, Jürgen, Wolfgang Feist, Rainer Pfluger und Oliver Kah: CEPHEUS – Wissenschaftliche Begleitung und Auswertung, Endbericht, CEPHEUS-Projektinformation Nr. 22, Fachinformation PHI 2001/9, Darmstadt, Passivhaus Institut, Juli 2001.

30. [Schnieders 2003] Schnieders, Jürgen: Passive Strategien zur sommerlichen Kühlung im Passiv-Bürogebäude Cölbe: Praxiserfahrungen und Simulationsergebnisse. In: Proceedings of the 7th International Passive House Conference, Hamburg, 2003, Darmstadt, Passivhaus Institut, February 2003.

31. [Schnieders 2006] Schnieders, Jürgen and Andreas Hermelink: CEPHEUS results: measurements and occupants' satisfaction provide evidence for Passive Houses being an option for sustainable building. Energy Policy 34（2006）151-171.

32. [Schnieders 2009] Schnieders, Jürgen: Passive Houses in South West Europe – A quantitative investigation of some passive and active space conditioning techniques for highly energy efficient dwellings in the South West European region. 2nd, corrected edition. Passivhaus Institut, Darmstadt 2009.

33. [XJJ001] 新疆维吾尔自治区工程建设标准 - 严寒和寒冷地区居住建筑节能设计标准实施细则 XJJ001-2011.

附录 A　参考被动房资料

本附录中对用于动态热模拟的建筑模型提供详细说明。

A.1　概述

所检验的是一栋十层住宅建筑，楼高 10 层（层高 5 ~ 30 层的楼房结果没有根本改变），每层三户公寓。每户有一个中央起居室，通达其他房间。在较小的公寓 B 中，烹饪区包括在起居区内。楼层平面图和立面图见 6.2 节。

该建筑坐北朝南，每个起居室有一个 2m 深的开放式阳台。位于背面的楼梯间内有中央电梯井；北侧楼梯间的两个紧急出口相互隔离，分别从走道两侧进入。楼梯间和电梯都没有温湿调节。

A.2　建筑组件

该建筑为实体结构，例如，砖砌隔断的钢筋混凝土框架结构，外墙采用外保温和饰面系统，屋面和底板也是外保温。筏板基础避免了基础面的热桥；女儿墙连接也采用保温处理，不需考虑额外的热桥（例如用多孔混凝土砌体）。

为了尽量减少热桥，阳台安装在墙壁的外面。每个阳台考虑了与建筑物连接钢筋造成的额外热流失 0.6 W/K。

除了在炎热气候中使用高红外反射率隔热涂料以外，其他地区的外墙太阳能吸收系数为 0.6，屋顶为 0.7。

建筑部件组成列于下表。各层的顺序为从外向内。

A.2.1　不透明围护结构

底板				
未经保温的结构U值 [W/（m²K）]			3.10	
未经保温的结构总热容 [kJ/（m²K）]			834	
材料	厚度 d [cm]	密度 ρ [kg/m³]	热容 C [kJ/（kgK）]	导热系数 λ [W/（mK）]
保温层	0…30	45	0.85	0.040
混凝土板	25	2400	1.08	1.1

外墙				
未经保温的结构U值 [W/（m²K）]			2.4	
未经保温的结构总热容 [kJ/（m²K）]			176	
材料	厚度 d [cm]	密度 ρ [kg/m³]	热容 C [kJ/（kgK）]	导热系数 λ [W/（mK）]
外抹灰	1.5	1900	0.85	0.8
EPS	0…40	18	1.21	0.040
砌块体	11.5	1400	0.836	0.58
石膏抹灰	1.5	1200	0.936	0.7

平屋顶				
未经保温的结构U值 [W/（m²K）]			1.38	
未经保温的结构总热容 [kJ/（m²K）]			467	
材料	厚度 d [cm]	密度 ρ [kg/m³]	热容 C [kJ/（kgK）]	导热系数 λ [W/（mK）]
地砖	4	2000	1.08	1.4
空气层（10%木材）	2	42	0.272	0.13
EPS	0…40	30	1.8	0.04
混凝土	14	2400	1.08	1.5
石膏抹灰	1.5	1200	0.936	0.21

A.2.2 室内建筑组件

实心内墙				
未经保温的结构 U 值 [W/（m^2K）]			2.0	
未经保温的结构总热容 [kJ/（m^2K）]			168	
材料	厚度 d [cm]	密度 ρ [kg/m^3]	热容 C [kJ/（kgK）]	导热系数 λ [W/（mK）]
石膏抹灰	1.5	1200	0.936	0.7
砌块体	11.5	1400	0.836	0.58
石膏抹灰	1.5	1200	0.936	0.7

轻质内墙				
未经保温的结构 U 值 [W/（m^2K）]			2.0	
未经保温的结构总热容 [kJ/（m^2K）]			67	
材料	厚度 d [cm]	密度 ρ [kg/m^3]	热容 C [kJ/（kgK）]	导热系数 λ [W/（mK）]
石膏砖	6	1200	0.936	0.25

中间楼板				
未经保温的结构 U 值 [W/（m^2K）]			0.91	
未经保温的结构总热容 [kJ/（m^2K）]			564	
材料	厚度 d [cm]	密度 ρ [kg/m^3]	热容 C [kJ/（kgK）]	导热系数 λ [W/（mK）]
石膏抹灰	1.5	1200	0.936	0.7
混凝土	16	2400	1.08	1.5
撞击声隔音材料	2.6214	45	0.85	0.05
水泥砂浆	5	2000	1.08	1.4
木地板	2	600	1.98	0.13

A.2.3 窗

模拟中用了几种类型的玻璃。各类型的玻璃都配上相应质量的窗框和边缘粘合。$\Psi_{安装}$为 0.01 W/（m^2K），窗框安装在保温层内，保温层延伸到窗框外。

类型	简称	U- 值 [W/（m^2K）]	无遮阳 g- 值 [-]	有遮阳 g- 值 [-]
单层玻璃	single	6	0.85	0.25
双层隔热玻璃	2-clear	2.8	0.76	0.15
双层低辐射玻璃	2-le	1.19	0.6	0.08
三层低辐射玻璃	3-le	0.7	0.5	0.06
改良三层低辐射玻璃	3-le+	0.51	0.52	0.05
四层低辐射玻璃	4-le	0.33	0.47	0.04
双层阳光控制隔热玻璃	2-clear SP	2.8	0.43	-
双层阳光控制玻璃	2-le SP	1.19	0.31	-
三层阳光控制玻璃	3-le SP	0.7	0.25	-
三层阳光控制增强热防护玻璃	3-le+ SP	0.51	0.26	-

A.3 通风

在大多数中国气候区被动房建筑需要热、湿回收（ERV）机械通风系统（全热交换新风系统）。模拟中假设为分散式通风系统；每间公寓靠近外墙处设一通风单元。公寓布局设计的方式从一开始就便于通风管道路径的安排，没有交叉的地方。

通风装置热回收效率在 75% ~ 90% 之间—假定冬季和夏季一样—湿度回收率通常为 60%。以下情况下旁路自动打开：a）中央起居室空气温度高于 22℃，b）中央起居室空气温度高于室外空气温度，c）室外含湿量比室内含湿量设定值低。

假设热交换器总是具有有效的防冻保护，因此它甚至可以在低室外温度下保持额定效率。在一次能源供给值的计算中，考虑了液体循环防冻预热器。

送风被引入到卧室、子女房，回风从厨房和浴室抽出。中央起居室作为空气传输区，可重复使用空气几次。这甚至进一步简化了送风系统。通风系统布局见第图 7。

送风和回风的机械通风流量在公寓A为120m³/h，在公寓B为80m³/h，在公寓C为100m³/h。

气密性比照典型被动房水平，即换气次数 $n_{50}=0.6h^{-1}$。在严寒气候区，假设了更高的气密性 $n_{50}=0.3h^{-1}$。除了泄漏，还考虑了每天每个公寓10次大门打开过程，每次发生 $10m^3$ 楼梯间与室外之间的空气交换。

参考案例中公寓内的室内房间门每天20%时间敞开。在使用起居室中央分体机的方案中，室内房间门假设一天中60%时间敞开。敞开时间中，房间之间会发生温差驱动的空气交换。

在过渡时期可以用开窗方式排除热量，如果该房间符合以下条件：a）室内空气温度超过22℃，b）室外空气比室内空气温度低，c）室外空气含湿量低于设定值12g/kg。由此产生的额外换气次数在 $0.5\sim2h^{-1}$ 之间，按气候区而不同。开窗夏季通风可算是合理的但绝非最优化的用户行为。

A.4 空气调节

中国的被动房建筑的采暖、制冷、除湿有多种选择。以下详细说明通过送风进行空气调节，或通过中央分体机进行空气调节，以及所谓的“理想型空气调节”。

A.4.1 通过送风进行空气调节

送风在通过热回收系统后立即被加热或制冷。加热能耗限制为每平方米居住面积10W。即使有更高的制冷功率可用，制冷时制冷盘管的平均表面温度也不会低于0℃。如果空气被充分地降温，附带的除湿效果也被考虑在内。

A.4.2 通过中央分体机进行空气调节

从中央起居室抽取室内空气作为循环风通过制冷盘管，再重新送回房间。最大采暖或制冷功率是2.5kW，相当于市场上最小的小型分体机。在 $500m^3/h$ 的典型流量下，按照公寓当前的采暖或制冷负荷，控制制冷盘管的温度。

如果空气被充分地降温，附带的除湿效果也考虑在内。如果显热制冷功率足够，但房间空气湿度高于设定值时，则将分体机设置到 $150m^3/h$ 的较低流量的“除湿模式”。

A.4.3　理想型空气调节

所谓理想型空气调节仅存在于模拟中：假设存在这样一个系统，它能够提供指定的温度和湿度，没有任何偏差。

有了理想型空气调节，除了楼梯间，每个房间作用温度保持在 20 ~ 25℃之间。空气绝对湿度水平不超过 12g/kg。模拟程序依此计算出能耗需求。

这种方法可以计算在相同舒适条件下的能耗需求。通过这种方式，可以避免在比较不同系统时由于控制元件等的影响而导致的误判。

A.5　内部热负荷与湿负荷

按照预先给定的入住率作成建筑的有关假设。为了管控内部负荷结果的时间，将每天分为六个时段，对每一时段设置了固定值：6 ~ 8 时，8 ~ 12 时，12 ~ 14 时，14 ~ 19 时，19 ~ 22 时，22 时 ~ 6 时。所选择的负荷平均而言与 [PHPP 2015] 中的负荷基本一致。参考被动房的内部热、湿负荷平均数如下：

	公寓 A	公寓 B	公寓 C
内部热负荷 [W/m^2]	2.89	3.17	2.31
内部湿负荷 [g/m^{2}h]	2.58	2.32	1.98

厨房的内部负荷边界条件与此不同。在 6.5.5 节有相关细节。

A.6　遮阳

该建筑位于一群相同高度的类似建筑之间。因此每一方向都有水平阴影。按建筑物高度的假设的间距为 50m。窗帮（窗口侧墙）和阳台的遮阳效果都考虑在内。

如果室内空气温度从 23℃升到 24℃，朝南、朝东、朝西外立面的活动外遮阳将逐渐遮蔽降低太阳热负荷。使用者最多可将遮阳关闭到 80%，而 20% 的窗面始终保持无阴影遮挡。

译后记

近年来，被动房*在中国得到更广泛的认同和实践，在严寒或寒冷地区发展尤其迅速。而在其他气候区，则仍或有是否适用的疑虑。这本书，提供了具体的答复。费斯特教授领导的德国被动房研究所团队，借此研究显示了在中国各气候区都可以建被动房，并获得显著的节能效果。这项研究用数据回答了某些猜想，有多方面的参考价值。无论是设计原则，计算方法，材料、组件选择，成本估算，效益比较，都因此有所依据。也指出了适用于不同气候区的新产品、新技术的发展方向。

这项研究只是一个开端。在中国各地区建被动房，还需要所有参与者共同努力，从理论到实践进一步完善提升。译者有幸向中国读者介绍这项奠基的研究，翻译期间获得了来自各方面的指导与协助。住房和城乡建设部建筑节能与科技司韩爱兴副司长不仅为本书作序，还对译文作出了多处细致的商榷提示。也特别感谢被动房研究所江慧君、盛巳宸、刘亚博，北京建筑节能研究发展中心张昭瑞等诸位同仁对译稿的校阅、指正和反复讨论。

陈守恭

2018 年 6 月

* 本书中“被动房”（德文 Passivhaus, 英文 Passive House）一词专门用于指称严格符合被动房研究所（Passive House Institute）相应标准的建筑，有别于其他可能应用了被动式节能原理与方法，而采用不同标准，或未经明确定义的建筑。

被动房研究所（PHI）是由沃尔夫冈· 费斯特博士 (Dr. Wolfgang Feist) 创立于 1996 年。为独立研究机构，致力于建筑高效能源利用领域的研究和开发工作。

科研团队中有物理学家、数学家、经济学家、建筑师、土木、机械和环境工程师。地点设在德国和奥地利。我们支持所有气候区和世界各国被动房的发展。

我们从事的领域包括：

· 被动房建筑项目的咨询和质量保证，例如：
  —概念开发、
  —能量平衡计算、
  —组件选择、
  —热桥分析、
  —墙壁，屋顶等湿热分析、
  —动态建筑模拟；
· 实地测量；
· 建筑组件认证；
· 年度被动房大会；
· 知识交流和联网；
· 培训建筑专业人士；
· 国际研究合作。

链接：

被动房研究所：www.passivehouse.com
知识数据库：www.passipedia.org
被动房设计师：www.passivhausplaner.eu
国际被动房协会：www.passivehouse-international.org

Passive House Institute ● Rheinstrasse 44/46 ● 64283 Darmstadt ● Germany
被动房研究所，德国达姆施塔特市